#빠르게
#상위권맛보기
#2주+2주_완성
#어려운문제도쉽게

# 초등
# 일등전략

Chunjae
Makes
Chunjae

# [ 일등전략 ] 초등 수학 1-1


**기획총괄** 김안나
**편집개발** 이근우, 김정희, 서진호, 김현주, 최수정, 김혜민, 박웅, 김정민, 최경환
**디자인총괄** 김희정
**표지디자인** 윤순미, 심지영
**내지디자인** 박희춘, 이혜미
**제작** 황성진, 조규영

**발행일** 2022년 12월 1일 초판 2022년 12월 1일 1쇄
**발행인** (주)천재교육
**주소** 서울시 금천구 가산로9길 54
**신고번호** 제2001-000018호
**고객센터** 1577-0902




※ 정답 분실 시에는 천재교육 교재 홈페이지에서 내려받으세요.

※ KC 마크는 이 제품이 공통안전기준에 적합하였음을 의미합니다.

※ 주의
책 모서리에 다칠 수 있으니 주의하시기 바랍니다.
부주의로 인한 사고의 경우 책임지지 않습니다.
8세 미만의 어린이는 부모님의 관리가 필요합니다.

BOOK1

9까지의 수

덧셈과 뺄셈

초등 **수학**

1·1

# 이 책의 구성과 특징

2주 완성

## 도입 만화

이번 주에 배울 내용의 핵심을 만화 또는 삽화로 제시하였습니다.

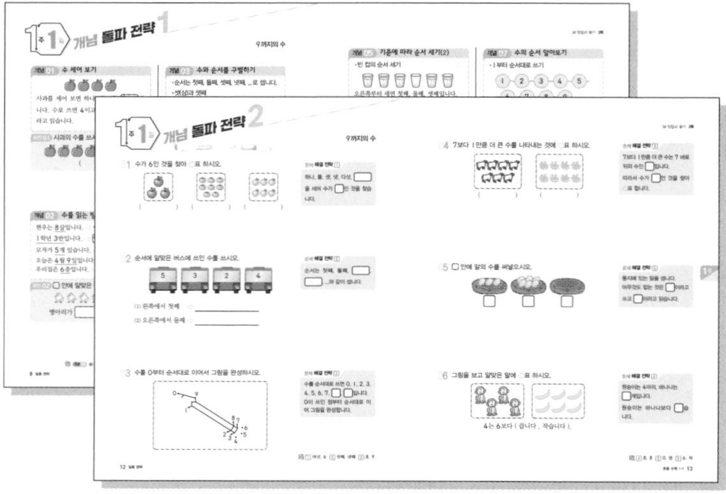

## 개념 돌파 전략 1, 2

개념 돌파 전략1에서는 단원별로 개념을 설명하고 개념의 원리를 확인하는 문제를 제시하였습니다.
개념 돌파 전략2에서는 개념을 알고 있는지 문제로 확인할 수 있습니다.

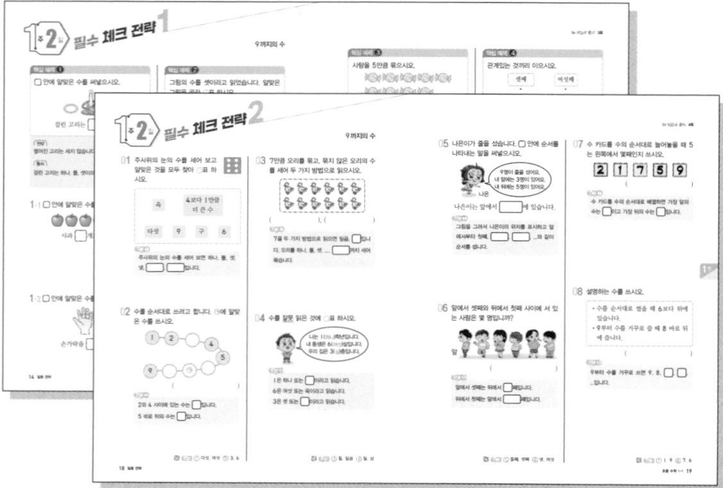

## 필수 체크 전략 1, 2

필수 체크 전략1에서는 단원별로 나오는 중요한 유형을 반복 연습할 수 있도록 하였습니다.
필수 체크 전략2에서는 추가적으로 나오는 다른 유형을 문제로 확인할 수 있도록 하였습니다.

**1주에 3일 구성 + 1일에 6쪽 구성**

**부록 꼭 알아야 하는 대표 유형집**

부록을 뜯으면 미니북으로 활용할 수 있습니다. 대표 유형을 확실하게 익혀 보세요.

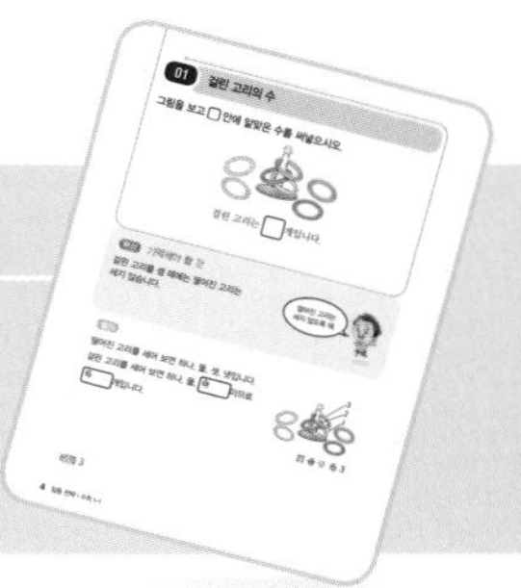

## 주 마무리 평가

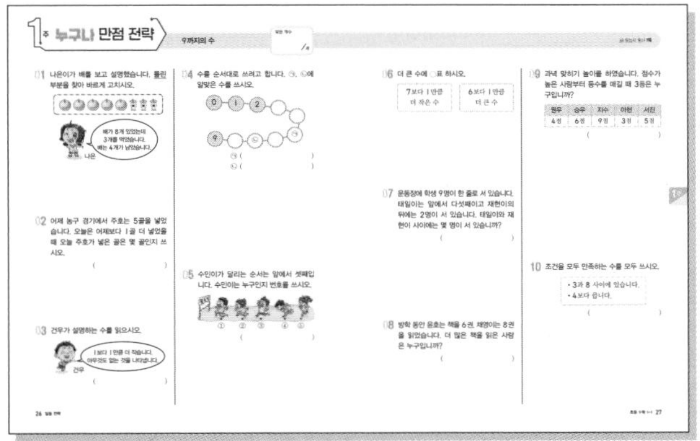

**누구나 만점 전략**

누구나 만점 전략에서는 주별로 꼭 기억해야 하는 문제를 제시하여 누구나 만점을 받을 수 있도록 하였습니다.

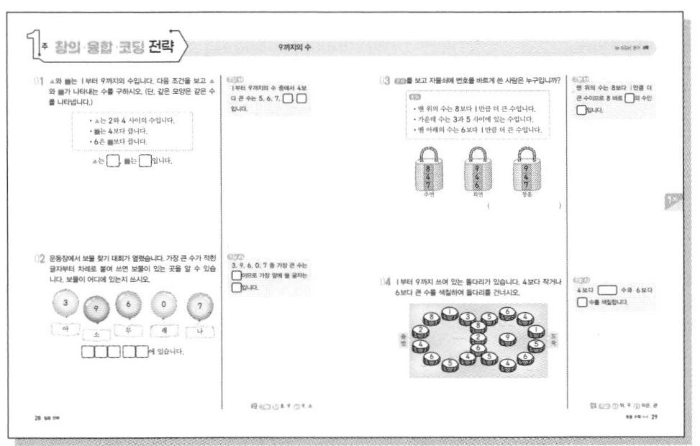

**창의·융합·코딩 전략**

창의·융합·코딩 전략에서는 새 교육과정에서 제시하는 창의, 융합, 코딩 문제를 쉽게 접근할 수 있도록 하였습니다.

## 마무리 코너

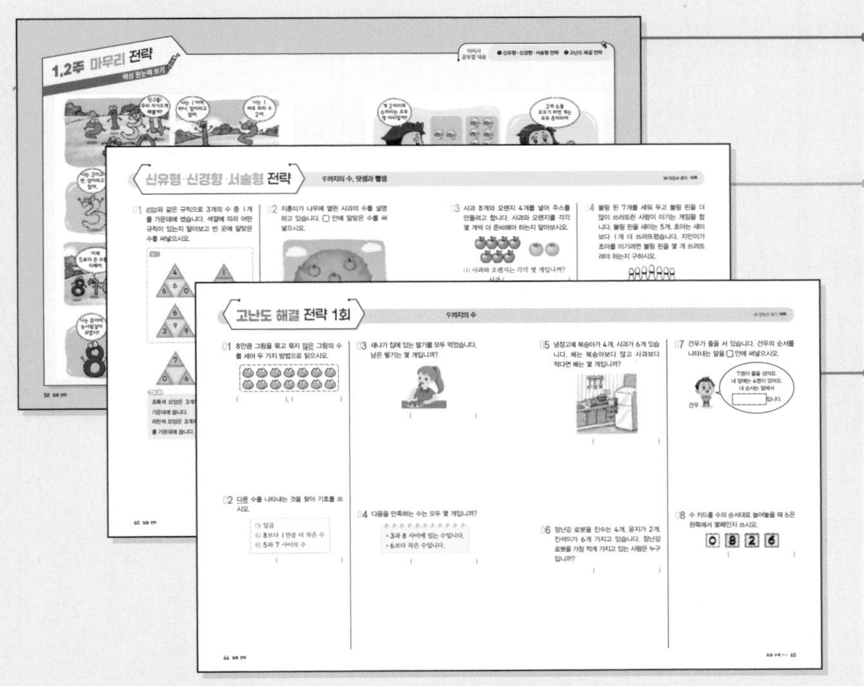

**1, 2주 마무리 전략**

마무리 전략은 이미지로 정리하여 마무리할 수 있게 하였습니다.

**신유형·신경향·서술형 전략**

신유형·신경향·서술형 전략은 새로운 유형도 연습하고 서술형 문제에 대한 적응력도 올릴 수 있습니다.

**고난도 해결 전략 1회, 2회**

실제 시험에 대비하여 연습하도록 고난도 실전 문제를 2회로 구성하였습니다.

# 이 책의 차례

BOOK1

## 1주 9까지의 수 6쪽



## 2주 덧셈과 뺄셈 32쪽

1 주

# 9까지의 수

| 공부할 내용 | |
|---|---|
| ❶ 1부터 9까지의 수 | ❸ 두 수의 크기 비교 |
| ❷ 1만큼 더 큰 수와 1만큼 더 작은 수 | |

# 1주 1일 개념 돌파 전략 1



## 개념 01 수 세어 보기

사과를 세어 보면 하나, 둘, 셋, ❶ ☐ 입니다. 수로 쓰면 4이고 사 또는 ❷ ☐ 이라고 읽습니다.

**확인 01** 사과의 수를 쓰시오.

(　　　　)

## 개념 02 수를 읽는 방법

현우는 8살입니다. ⇨ 여덟 살

1학년 3반입니다. ⇨ ❶ ☐ 학년 삼 반

모자가 5개 있습니다. ⇨ ❷ ☐ 개

오늘은 4월 9일입니다. ⇨ 사 월 구 일

우리집은 6층입니다. ⇨ 육 층

**확인 02** ☐ 안에 알맞은 말을 써넣으시오.

병아리가 ☐ 마리입니다.



## 개념 03 수와 순서를 구별하기

- 순서는 첫째, 둘째, 셋째, 넷째, ...로 셉니다.
- 셋(삼)과 셋째

| 셋(삼) | ●●●○○○○○○ |
|---|---|
| 셋째 | ○○●○○○○○○ |

① 셋(삼): 수를 나타내므로 셋을 세어 ❶ ☐ 개 모두 색칠합니다.

② 셋째: 순서를 나타내므로 셋째 ❷ ☐ 개만 색칠합니다.

**확인 03** 1이 나타내는 순서를 쓰시오.

(　　　　)

## 개념 04 기준에 따라 순서 세기(1)

- 빈 컵의 순서 세기

왼쪽부터 세면 첫째, 둘째, 셋째, 넷째입니다.

빈 컵은 왼쪽에서 ❶ ☐ 입니다.

**확인 04** ☐ 안에 알맞은 말을 써넣으시오.

왼쪽에서 ☐ 꽃이 시들었습니다.

## 개념 05 기준에 따라 순서 세기(2)

• 빈 컵의 순서 세기

오른쪽부터 세면 첫째, 둘째, 셋째입니다.
빈 컵은 오른쪽에서 ❶ [　　] 입니다.

### 확인 05 □ 안에 알맞은 말을 써넣으시오.

오른쪽에서 [　　] 꽃이 시들었습니다.

## 개념 06 기준에 따라 순서 세기(3)

• 비어 있는 칸의 순서 세기

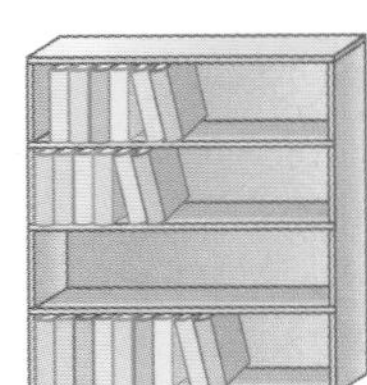

위부터 세면 첫째, 둘째, 셋째입니다. 비어 있는 칸은 위에서 ❶ [　　] 칸입니다.
아래부터 세면 첫째, 둘째입니다. 비어 있는 칸은 아래에서 ❷ [　　] 칸입니다.

### 확인 06 위에서 넷째 칸을 색칠하시오.

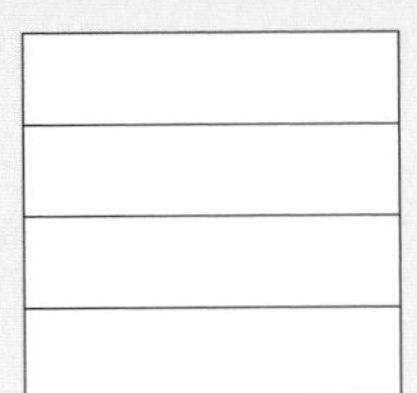

## 개념 07 수의 순서 알아보기

• 1부터 순서대로 쓰기

8은 7 바로 ❷ [　　] 의 수입니다.

• 9부터 거꾸로 쓰기

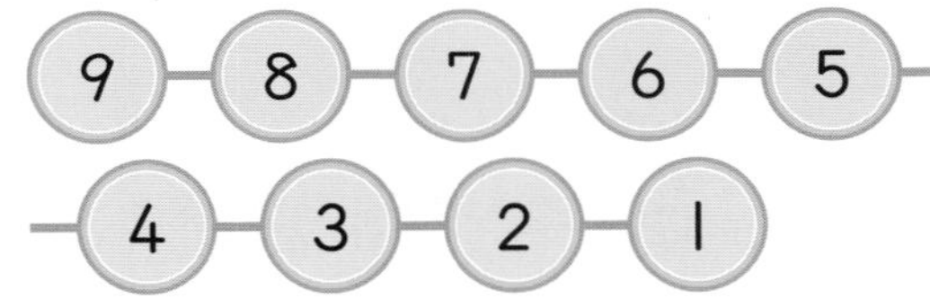


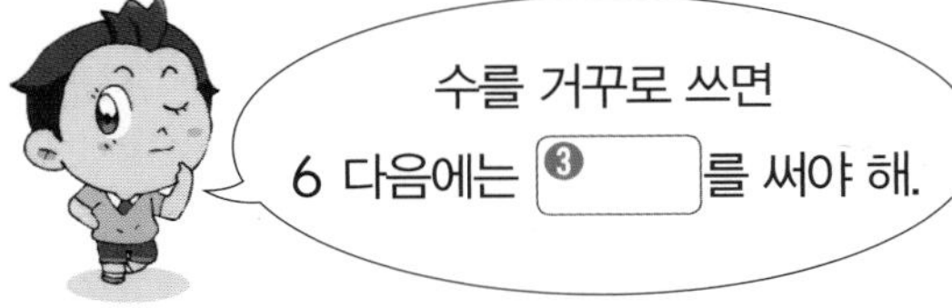


### 확인 07 수를 순서대로 쓰려고 합니다. 빈 곳에 수를 써넣으시오.

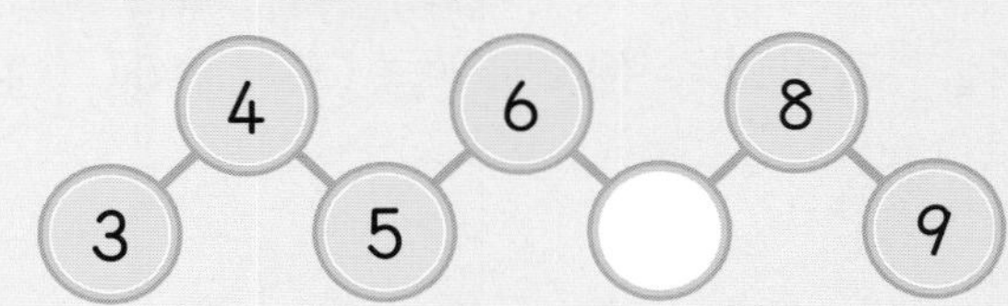


답 개념 05 ❶ 셋째 개념 06 ❶ 셋째 ❷ 둘째

답 개념 07 ❶ 5 ❷ 뒤 ❸ 5

1주

## 개념 08 두 수 사이에 있는 수 구하기

• 3과 6 사이에 있는 수

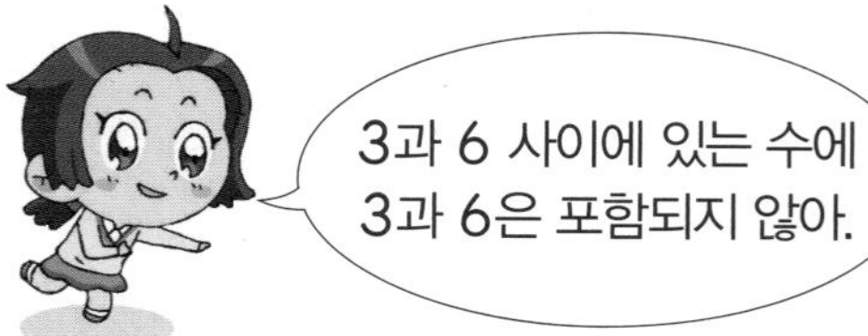


3과 6 사이에 있는 수는 ❶ [ ], ❷ [ ] 입니다.

**확인 08** 4와 8 사이에 있는 수는 모두 몇 개인지 쓰시오.

( )

## 개념 09 그림의 수보다 I만큼 더 큰 수

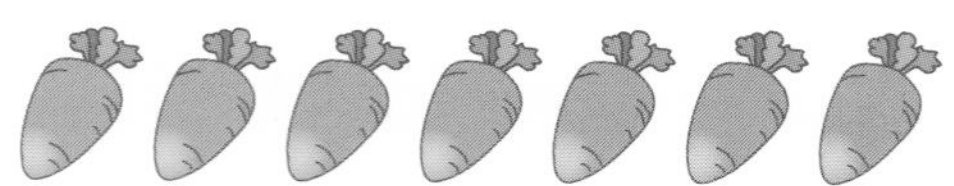

당근의 수는 7입니다.

7보다 I만큼 더 큰 수는 ❶ [ ] 입니다.

⇨ 당근의 수보다 I만큼 더 큰 수는 ❷ [ ] 입니다.

**확인 09** 그림의 수보다 I만큼 더 큰 수에 ○표 하시오.

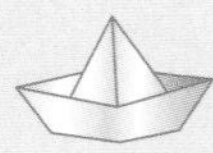 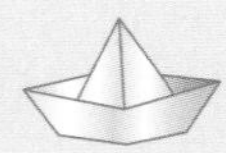 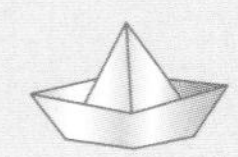

( 2 , 3 , 4 )

## 개념 10 그림의 수보다 I만큼 더 작은 수

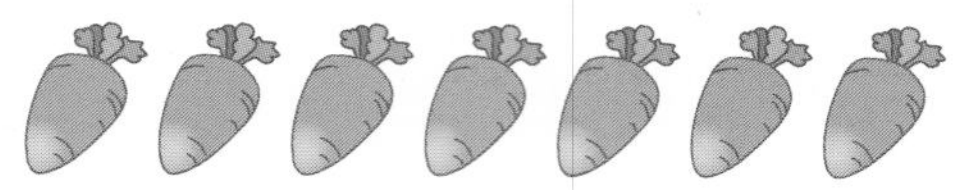

당근의 수는 7입니다.

7보다 I만큼 더 작은 수는 ❶ [ ] 입니다.

당근의 수보다 I만큼 더 작은 수는 ❷ [ ] 입니다.

**확인 10** 그림의 수보다 I만큼 더 작은 수에 ○표 하시오.

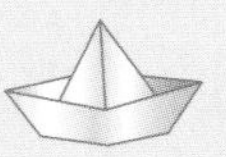 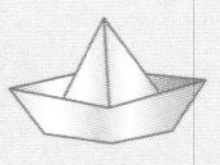 

( 2 , 3 , 4 )

## 개념 11 아무것도 없음을 수로 나타내기

• I보다 I만큼 더 작은 수

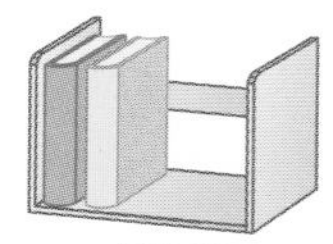 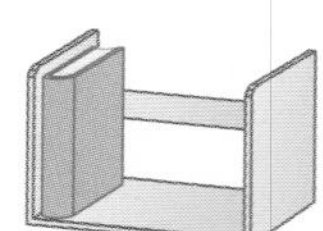 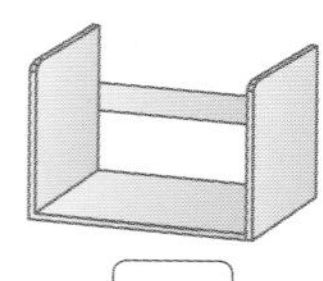

2 I 0

I보다 I만큼 더 작으면 아무것도 없습니다.

아무것도 없는 것을 ❶ [ ] 이라고 쓰고 ❷ [ ] 이라고 읽습니다.

**확인 11** □ 안에 알맞은 수를 써넣으시오.

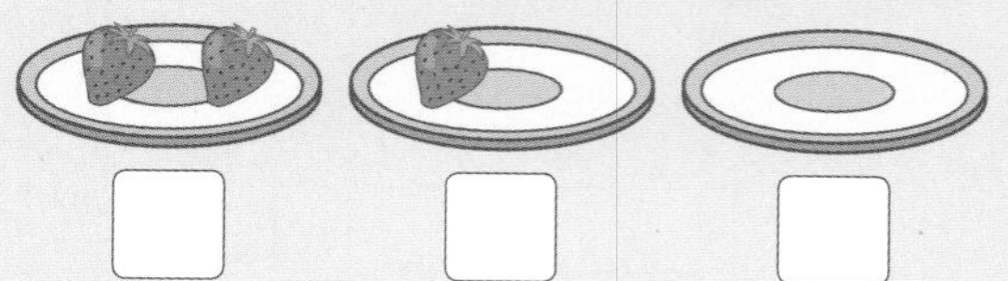

답 개념 08 ❶ 4 ❷ 5 개념 09 ❶ 8 ❷ 8

답 개념 10 ❶ 6 ❷ 6 개념 11 ❶ 0 ❷ 영

>> 정답과 풀이 2쪽

## 개념 12 두 수의 크기 비교하기

• 7과 3 중에서 더 큰 수

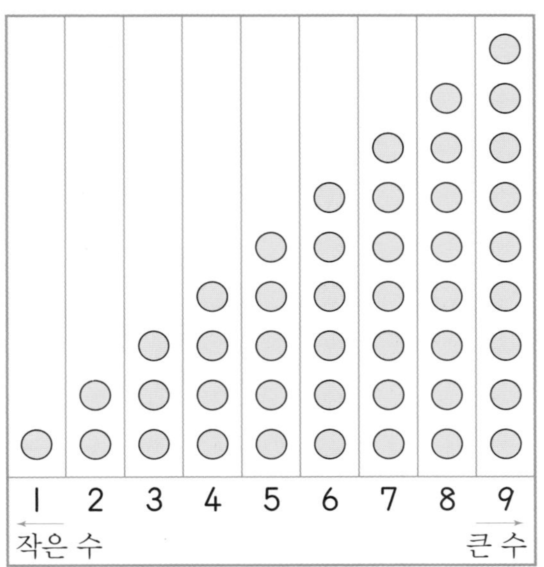


수를 순서대로 썼을 때 뒤에 있는 수는 앞에 있는 수보다 ❶ 니다.

7은 3보다 뒤에 있습니다.

⇨ 7은 3보다 ❷ 니다.

• 6보다 큰 수

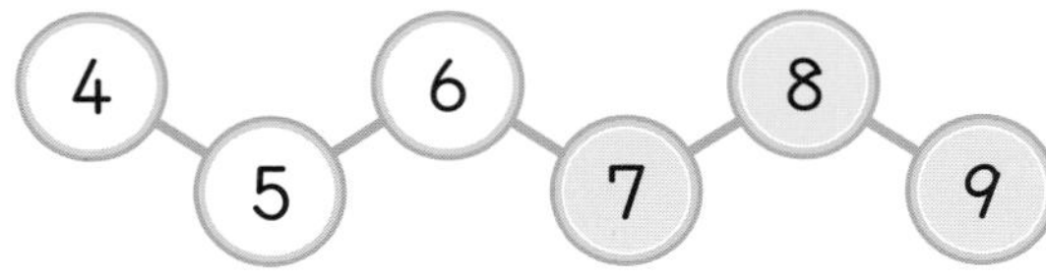


수를 순서대로 썼습니다.

6보다 큰 수는 6보다 뒤에 있습니다.

따라서 6보다 큰 수는 7, 8, 9입니다.

**확인 12** ☐ 안에 알맞은 수를 써넣어 5와 9의 크기를 비교하시오.

☐는 ☐보다 큽니다.

답 개념 12 ❶ 큽 ❷ 큽

## 개념 13 세 수의 크기 비교하기

• 4, 8, 1 중에서 가장 큰 수, 가장 작은 수

4, 8, 1

세 수를 순서대로 쓰면 1, 4, 8입니다.

⇨ 세 수 중에서 가장 큰 수는 ❶ 이고, 가장 작은 수는 ❷ 입니다.

**확인 13** 6, 9, 2 중에서 가장 큰 수를 쓰시오.

( )

## 개념 14 ●보다 크고 ▲보다 작은 수 구하기

• 3보다 크고 6보다 작은 수

2 4 6 8

1 3 5 7 9

3보다 크고 6보다 작은 수는

3보다 뒤에 있고 6보다 앞에 있습니다.

3보다 크고 6보다 작은 수는 ❶ , ❷ 입니다.

**확인 14** 5보다 크고 7보다 작은 수를 쓰시오.

( )

답 개념 13 ❶ 8 ❷ 1 개념 14 ❶ 4 ❷ 5

1주

9까지의 수

## 01 수가 6인 것을 찾아 ○표 하시오.

( ) ( ) ( )

**문제 해결 전략 1**

하나, 둘, 셋, 넷, 다섯, [ ]을 세어 수가 [ ]인 것을 찾습니다.

## 02 순서에 알맞은 버스에 쓰인 수를 쓰시오.

(1) 왼쪽에서 첫째 ⇨ ____________

(2) 오른쪽에서 둘째 ⇨ ____________

**문제 해결 전략 2**

순서는 첫째, 둘째, [ ], [ ], ...와 같이 셉니다.

## 03 수를 0부터 순서대로 이어서 그림을 완성하시오.

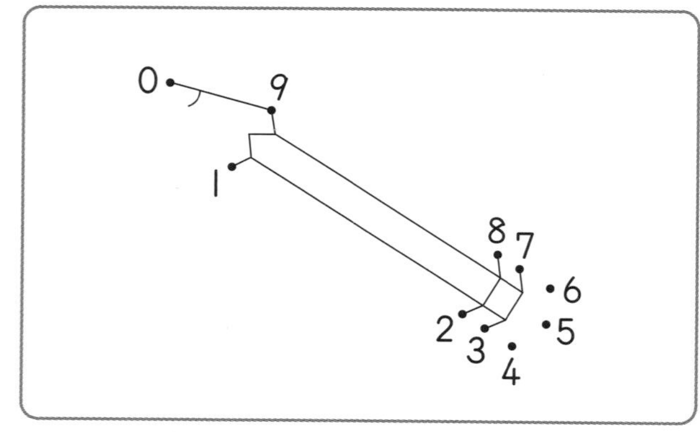


**문제 해결 전략 3**

수를 순서대로 쓰면 0, 1, 2, 3, 4, 5, 6, 7, [ ], [ ]입니다. 0이 쓰인 점부터 순서대로 이어 그림을 완성합니다.

답 1 여섯, 6 2 셋째, 넷째 3 8, 9

>> 정답과 풀이 2쪽

**04** 7보다 1만큼 더 큰 수를 나타내는 것에 ○표 하시오.

(　　　　)

(　　　　)

**문제 해결 전략 4**

7보다 1만큼 더 큰 수는 7 바로 뒤의 수인 ☐입니다.

따라서 수가 ☐인 것을 찾아 ○표 합니다.

**05** ☐ 안에 알의 수를 써넣으시오.

☐　☐　☐

**문제 해결 전략 5**

둥지에 있는 알을 셉니다.

아무것도 없는 것은 ☐이라고 쓰고 ☐이라고 읽습니다.

1주

**06** 그림을 보고 알맞은 말에 ○표 하시오.

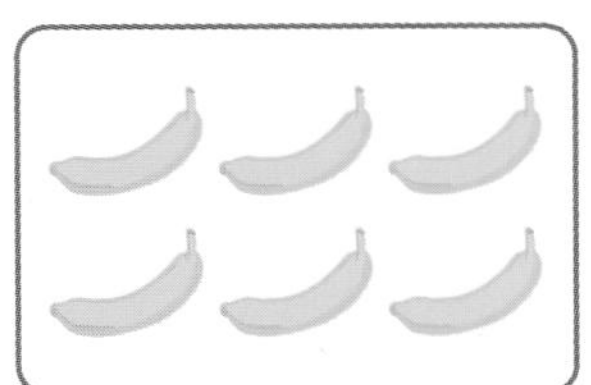

4는 6보다 ( 큽니다 , 작습니다 ).

**문제 해결 전략 6**

원숭이는 4마리, 바나나는 ☐개입니다.

원숭이는 바나나보다 ☐습니다.

답 4 8, 8 5 0, 영 6 6, 적

핵심 예제 ❶

☐ 안에 알맞은 수를 써넣으시오.

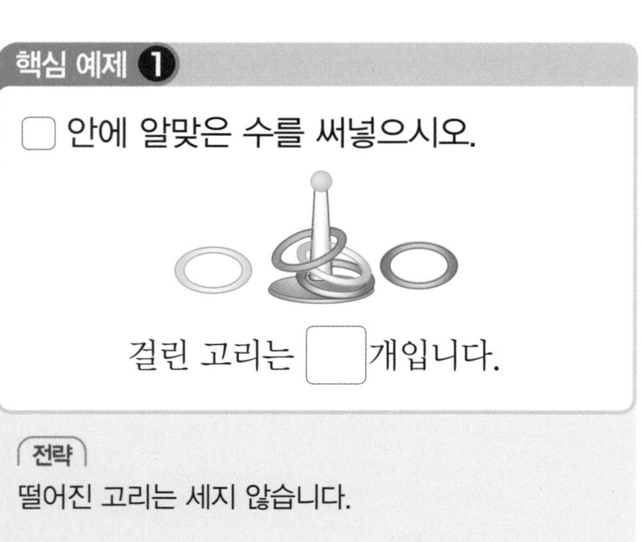

걸린 고리는 ☐개입니다.

전략

떨어진 고리는 세지 않습니다.

풀이

걸린 고리는 하나, 둘, 셋이므로 3개입니다.

답 3

**1-1** ☐ 안에 알맞은 수를 써넣으시오.

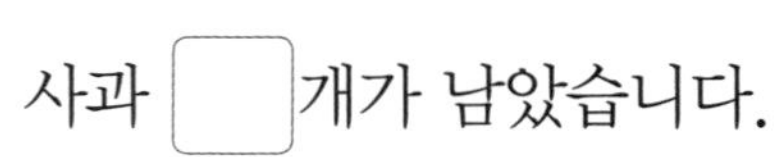

사과 ☐개가 남았습니다.

**1-2** ☐ 안에 알맞은 수를 써넣으시오.

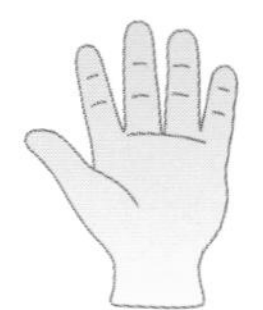 

손가락을 ☐개 폈습니다.

핵심 예제 ❷

그림의 수를 셋이라고 읽었습니다. 알맞은 그림을 골라 ○표 하시오.

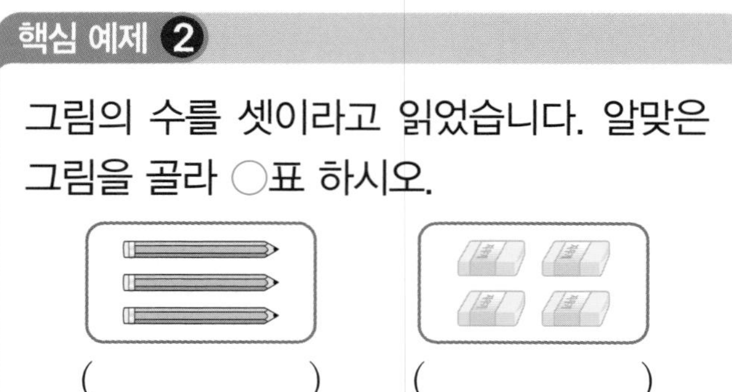

(　　　) (　　　)

전략

셋이라고 읽는 수는 3입니다.
수가 3인 것을 찾습니다.

풀이

연필은 하나, 둘, 셋이므로 수로 쓰면 3입니다.
지우개는 하나, 둘, 셋, 넷이므로 수로 쓰면 4입니다.

답 ( ○ )(　)

**2-1** 그림의 수를 일곱이라고 읽었습니다. 알맞은 그림을 골라 ○표 하시오.

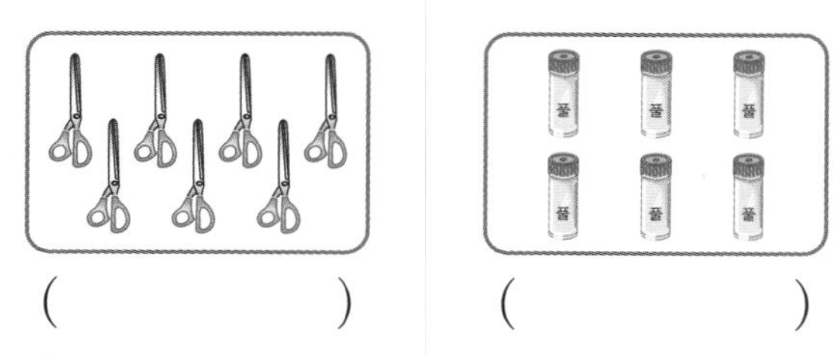

(　　　) (　　　)

**2-2** 그림의 수를 여섯이라고 읽었습니다. 알맞은 그림을 골라 ○표 하시오.

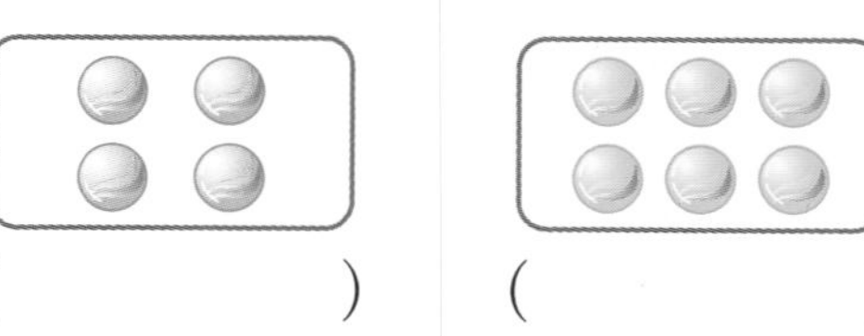

(　　　) (　　　)

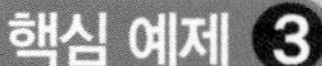

핵심 예제 3

사탕을 5만큼 묶으시오.

전략

5는 다섯 또는 오라고 읽습니다.
따라서 다섯까지 세어 묶습니다.

풀이

사탕을 하나, 둘, 셋, 넷, 다섯까지 세어 묶습니다.

답 예

**3-1** 사자를 4만큼 묶으시오.

**3-2** 수박을 7만큼 묶으시오.

핵심 예제 4

관계있는 것끼리 이으시오.

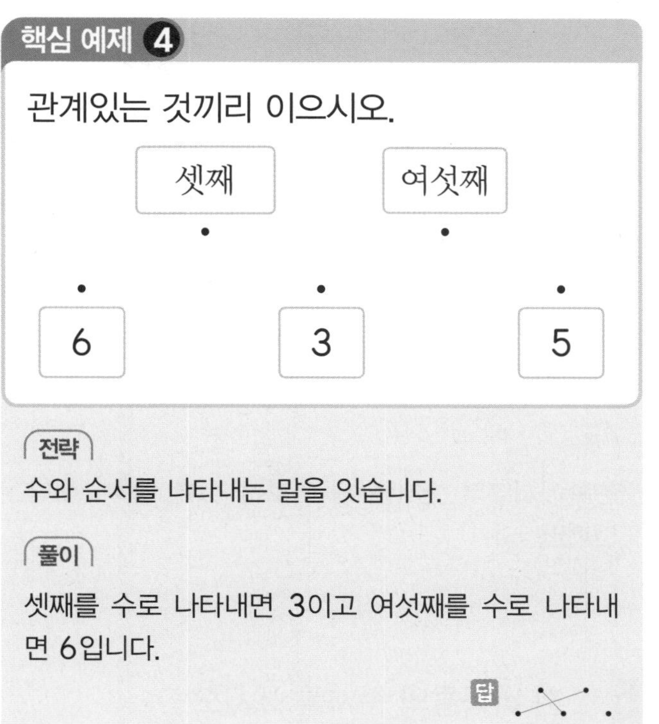


전략

수와 순서를 나타내는 말을 잇습니다.

풀이

셋째를 수로 나타내면 3이고 여섯째를 수로 나타내면 6입니다.

답

**4-1** 관계있는 것끼리 이으시오.

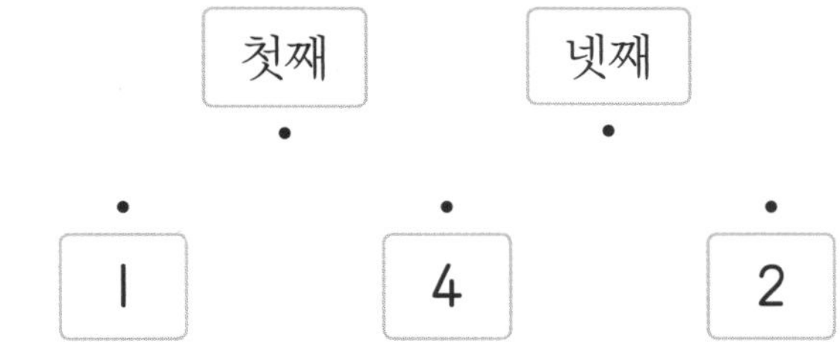


**4-2** 관계있는 것끼리 이으시오.

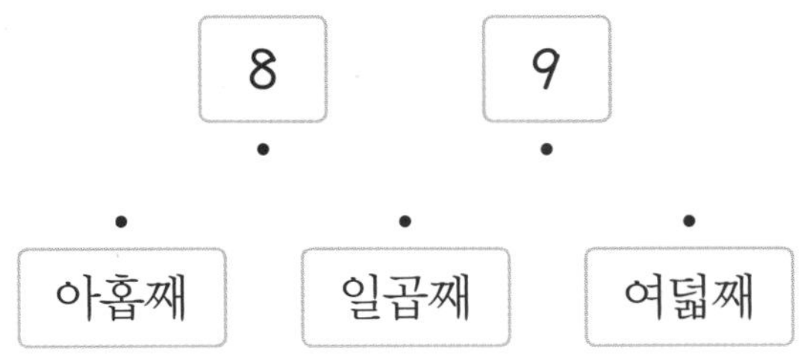

**핵심 예제 5**

흰 바둑돌의 순서를 쓰시오.

왼쪽에서 ______________

**전략**

왼쪽부터 순서를 셉니다.

**풀이**

왼쪽에서부터 순서를 세어 보면 첫째, 둘째, 셋째, 넷째입니다.

답 넷째

**5-1** 흰 바둑돌의 순서를 쓰시오.

왼쪽에서 ______________

**5-2** 흰 바둑돌의 순서를 쓰시오.

오른쪽에서 ______________

**핵심 예제 6**

왼쪽에서 여섯째 거북은 오른쪽에서 몇째인지 쓰시오.

오른쪽에서 (                )

**전략**

왼쪽에서 여섯째 거북을 찾아 ○표 한 다음 ○표 한 거북의 순서를 오른쪽에서부터 세어 봅니다.

**풀이**

왼쪽에서 여섯째 거북을 오른쪽에서부터 순서를 세어 보면 첫째입니다.

첫째 둘째 셋째 넷째 다섯째 여섯째

첫째

답 첫째

**6-1** 왼쪽에서 다섯째 토끼는 오른쪽에서 몇째인지 쓰시오.

오른쪽에서 (                )

**6-2** 오른쪽에서 넷째 병아리는 왼쪽에서 몇째인지 쓰시오.

왼쪽에서 (                )

**핵심 예제 7**

수를 순서대로 쓰려고 합니다. 빈 곳에 알맞은 수를 써넣으시오.

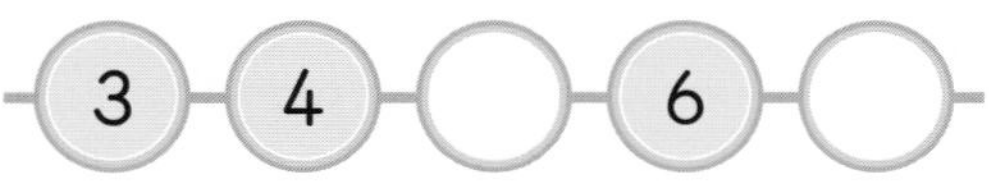


전략
3부터 수를 순서대로 씁니다.

풀이
3부터 수를 순서대로 쓰면 3, 4, 5, 6, 7입니다.

답 5, 7

**핵심 예제 8**

수의 순서대로 나열하시오.

(　　　　　　　　)

전략
가장 앞의 수부터 생각해 봅니다.

풀이
6, 1, 8을 수의 순서대로 쓰면 1이 가장 앞이고 8이 가장 뒤입니다. 따라서 1, 6, 8입니다.

답 1, 6, 8

**7-1** 수를 순서대로 쓰려고 합니다. 빈 곳에 알맞은 수를 써넣으시오.

**7-2** 수를 거꾸로 쓰려고 합니다. 빈 곳에 알맞은 수를 써넣으시오.

**8-1** 수의 순서대로 나열하시오.

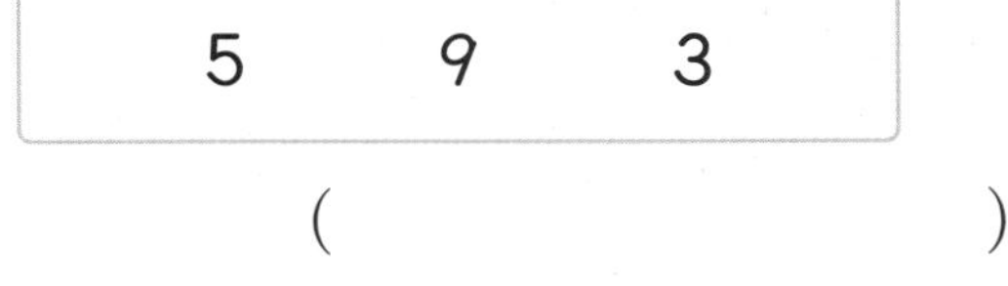


(　　　　　　　　)

**8-2** 수의 순서대로 나열하시오.

| 7 | 4 | 2 |
|---|---|---|

(　　　　　　　　)

1주

# 1주 2일 필수 체크 전략 2



**01** 주사위의 눈의 수를 세어 보고 알맞은 것을 모두 찾아 ○표 하시오.

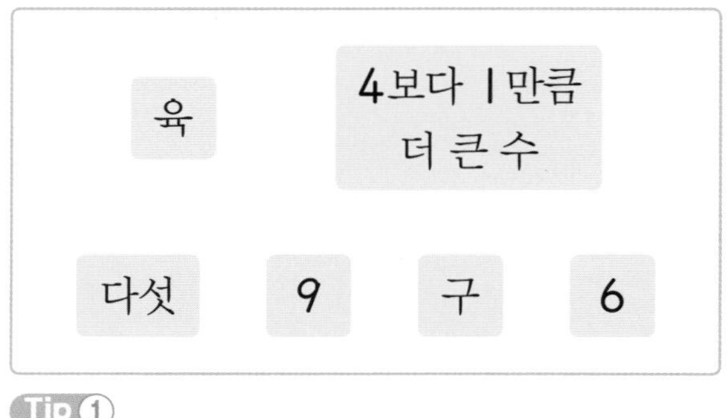


**Tip ①**
주사위의 눈의 수를 세어 보면 하나, 둘, 셋, 넷, [　　], [　　]입니다.

**02** 수를 순서대로 쓰려고 합니다. ㉠에 알맞은 수를 쓰시오.

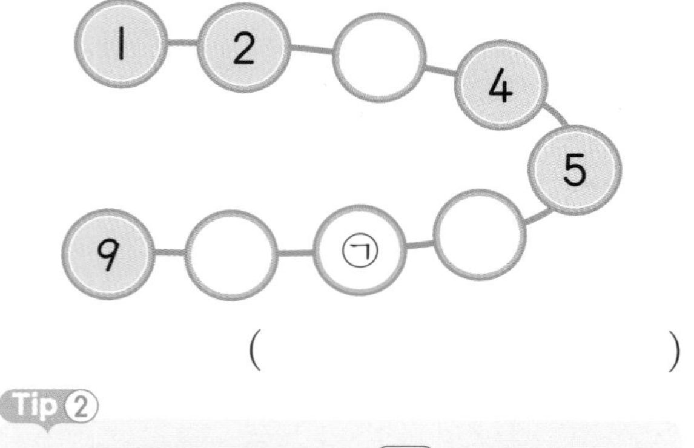


(　　　　　　　　)

**Tip ②**
2와 4 사이에 있는 수는 [　]입니다.
5 바로 뒤의 수는 [　]입니다.



**03** 7만큼 오리를 묶고, 묶지 않은 오리의 수를 세어 두 가지 방법으로 읽으시오.

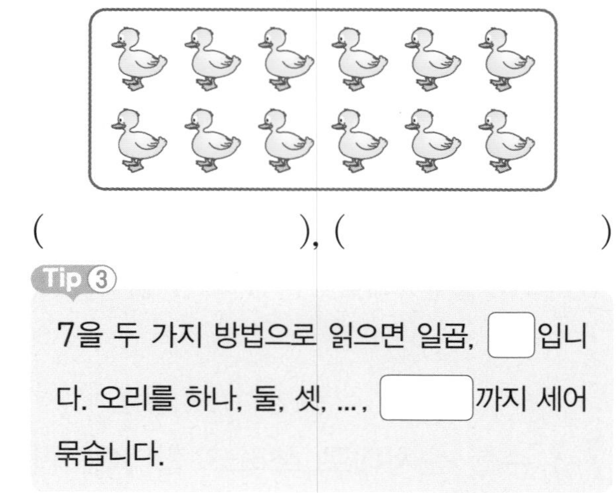

(　　　　　　　　), (　　　　　　　　)

**Tip ③**
7을 두 가지 방법으로 읽으면 일곱, [　]입니다. 오리를 하나, 둘, 셋, ..., [　　]까지 세어 묶습니다.

**04** 수를 잘못 읽은 것에 ○표 하시오.

나는 1(하나)학년입니다.
내 동생은 6(여섯)살입니다.
우리 집은 3(삼)층입니다.

**Tip ④**
1은 하나 또는 [　]이라고 읽습니다.
6은 여섯 또는 육이라고 읽습니다.
3은 셋 또는 [　]이라고 읽습니다.

**05** 나은이가 줄을 섰습니다. ☐ 안에 순서를 나타내는 말을 써넣으시오.

9명이 줄을 섰어요.
내 앞에는 3명이 있어요.
내 뒤에는 5명이 있어요.

나은

나은이는 앞에서 ☐에 있습니다.

**Tip ⑤**
그림을 그려서 나은이의 위치를 표시하고 앞에서부터 첫째, ☐, ☐, ...와 같이 순서를 셉니다.

**06** 앞에서 셋째와 뒤에서 첫째 사이에 서 있는 사람은 몇 명입니까?

앞

(                    )

**Tip ⑥**
앞에서 셋째는 뒤에서 ☐째입니다.
뒤에서 첫째는 앞에서 ☐째입니다.

답 Tip ⑤ 둘째, 셋째 ⑥ 넷, 여섯

**07** 수 카드를 수의 순서대로 늘어놓을 때 5는 왼쪽에서 몇째인지 쓰시오.

2 1   

(                    )

**Tip ⑦**
수 카드를 수의 순서대로 배열하면 가장 앞의 수는 ☐이고 가장 뒤의 수는 ☐입니다.



**08** 설명하는 수를 쓰시오.

- 수를 순서대로 썼을 때 6보다 뒤에 있습니다.
- 9부터 수를 거꾸로 쓸 때 8 바로 뒤에 씁니다.

(                    )

**Tip ⑧**
9부터 수를 거꾸로 쓰면 9, 8, ☐, ☐, ...입니다.

답 Tip ⑦ 1, 9 ⑧ 7, 6

# 1주 3일 필수 체크 전략 1



## 핵심 예제 1

☐ 안에 알맞은 수를 써넣으시오.

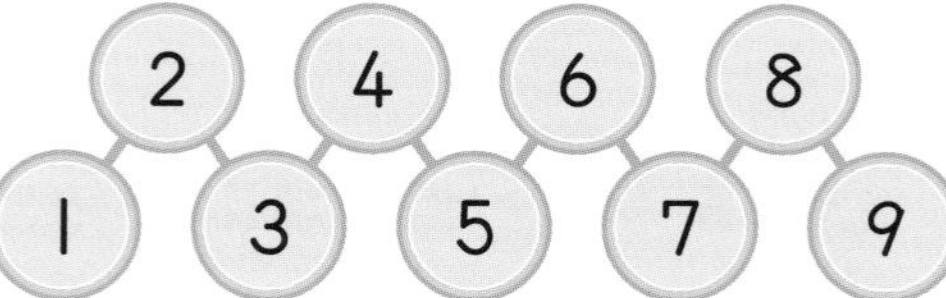


5보다 1만큼 더 큰 수는 ☐입니다.

전략

수를 순서대로 썼을 때 ■보다 1만큼 더 큰 수는 ■ 바로 뒤의 수입니다.

풀이

수를 순서대로 썼을 때 5 바로 뒤의 수인 6이 5보다 1만큼 더 큰 수입니다.

답 6

**1-1** ☐ 안에 알맞은 수를 써넣으시오.

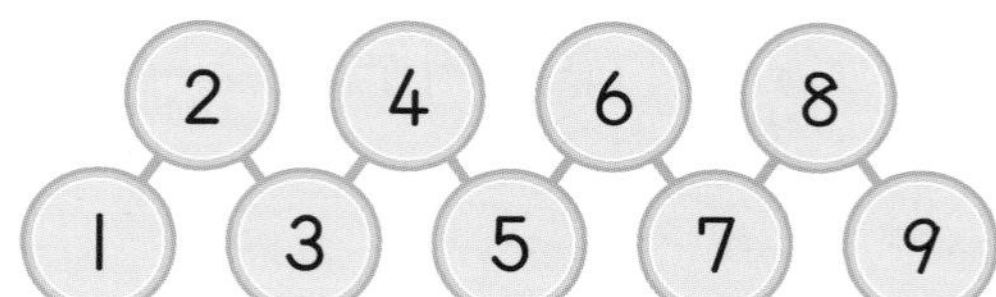


4보다 1만큼 더 작은 수는 ☐입니다.

**1-2** ☐ 안에 알맞은 수를 써넣으시오.

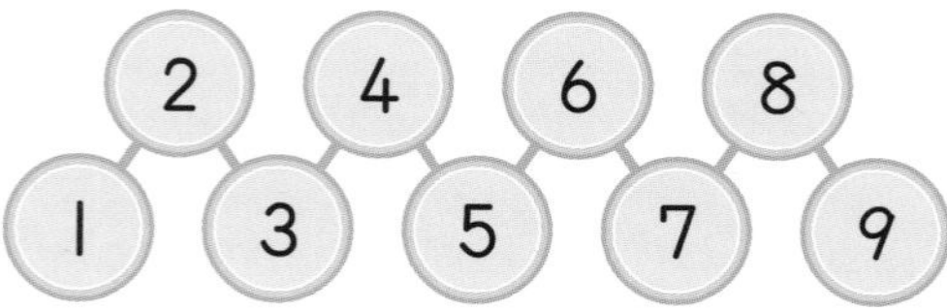


8보다 1만큼 더 큰 수는 ☐입니다.

## 핵심 예제 2

나비의 수보다 1만큼 더 작은 수를 쓰시오.

( )

전략

먼저 나비의 수를 세어 봅니다.

풀이

나비의 수는 4입니다.

4보다 1만큼 더 작은 수는 3입니다.

답 3

**2-1** 다람쥐의 수보다 1만큼 더 작은 수를 쓰시오.

( )

**2-2** 꽃의 수보다 1만큼 더 작은 수를 쓰시오.

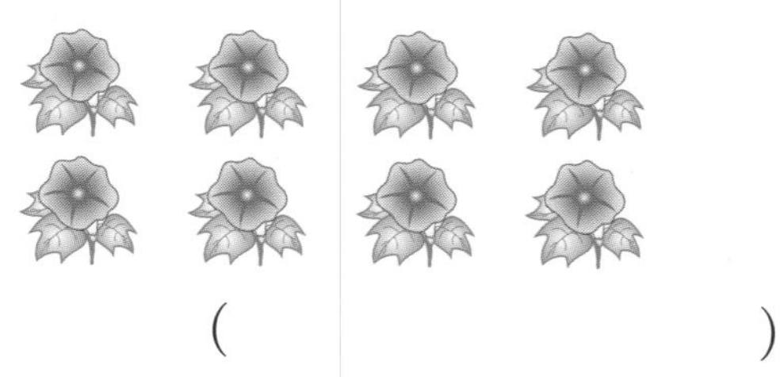

( )

## 핵심 예제 3

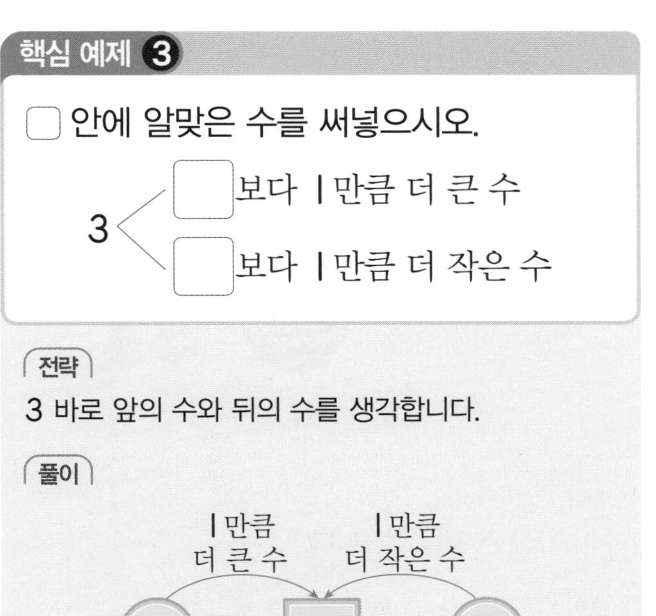

□ 안에 알맞은 수를 써넣으시오.

3 < □보다 1만큼 더 큰 수 / □보다 1만큼 더 작은 수

**전략**

3 바로 앞의 수와 뒤의 수를 생각합니다.

**풀이**



3은 2보다 1만큼 더 큰 수입니다.
3은 4보다 1만큼 더 작은 수입니다.

답 2, 4

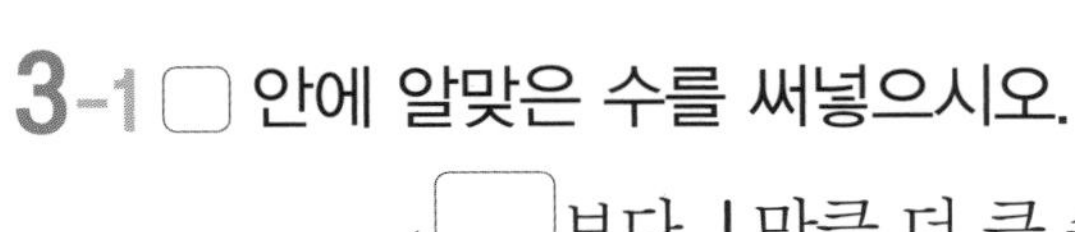

**3-1** □ 안에 알맞은 수를 써넣으시오.

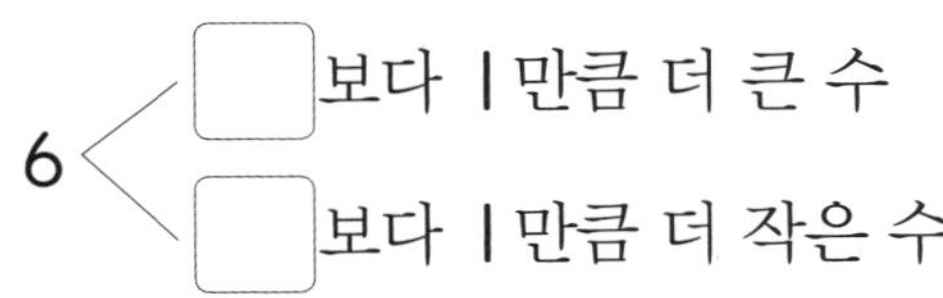

6 < □보다 1만큼 더 큰 수 / □보다 1만큼 더 작은 수

**3-2** □ 안에 알맞은 수를 써넣으시오.

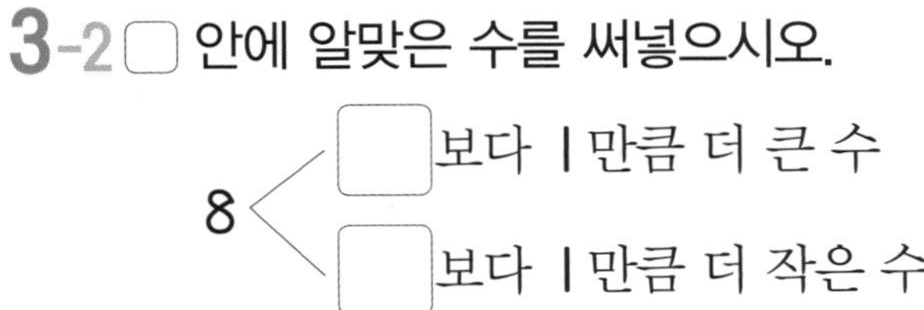

8 < □보다 1만큼 더 큰 수 / □보다 1만큼 더 작은 수

## 핵심 예제 4

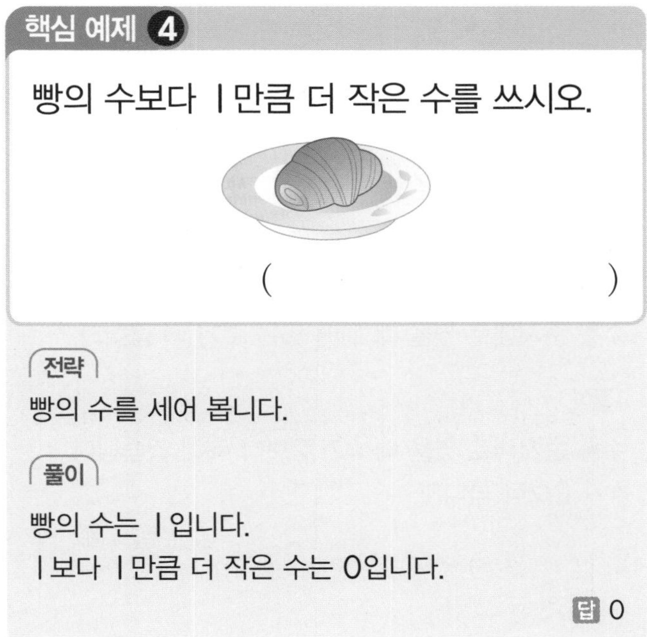

빵의 수보다 1만큼 더 작은 수를 쓰시오.

(　　　　　　)

**전략**

빵의 수를 세어 봅니다.

**풀이**

빵의 수는 1입니다.
1보다 1만큼 더 작은 수는 0입니다.

답 0

**4-1** 어항에 있는 금붕어의 수를 쓰시오.

(　　　　　　)

**4-2** 수진이가 접시에 있는 만두 5개를 모두 먹었습니다. 남은 만두는 몇 개입니까?

(　　　　　　)

**핵심 예제 5**

더 큰 수에 ○표 하시오.

| 2 | 4 |
|---|---|

전략
수를 순서대로 썼을 때 뒤에 있는 수가 더 큽니다.

풀이
수를 순서대로 썼을 때 4가 2보다 뒤에 있습니다.
4가 2보다 큽니다.

답 4에 ○표

**5-1** 더 큰 수에 ○표 하시오.

| 7 | 5 |
|---|---|

**5-2** 더 큰 수를 얘기한 학생의 이름을 쓰시오.

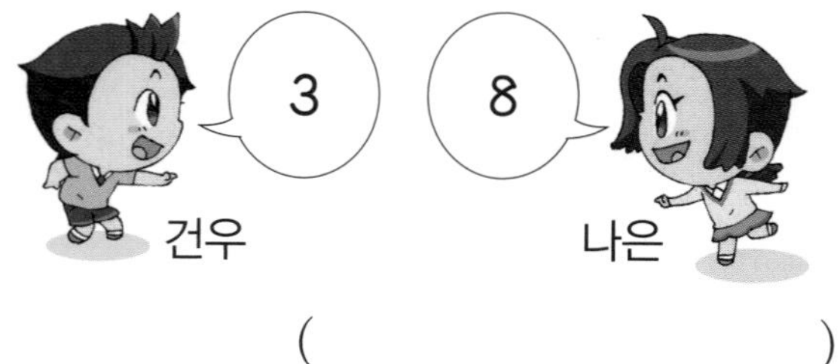


( )

**핵심 예제 6**

정국이네 집에 참외가 3개, 수박이 1개, 사과가 5개 있습니다. 참외, 수박, 사과 중에서 가장 많은 것은 무엇입니까?

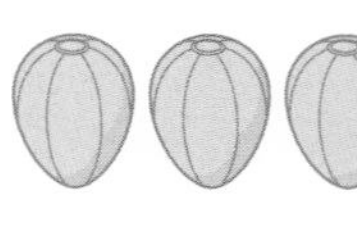  

( )

전략
수가 가장 큰 것을 찾습니다.

풀이
3, 1, 5 중에서 가장 큰 수는 5입니다.
따라서 사과가 가장 많습니다.

답 사과

**6-1** 세 명의 친구들이 붙임딱지를 모았습니다. 민우는 4장, 지아는 8장, 슬기는 2장 모았을 때 붙임딱지를 가장 많이 모은 사람은 누구입니까?

( )

**6-2** 우산 가게에 노란색 우산이 5개, 검정색 우산이 1개, 파란색 우산이 4개, 빨간색 우산이 0개입니다. 가장 많이 있는 우산의 색깔은 무엇입니까?

( )

### 핵심 예제 7

6보다 큰 수에 모두 ○표 하시오.

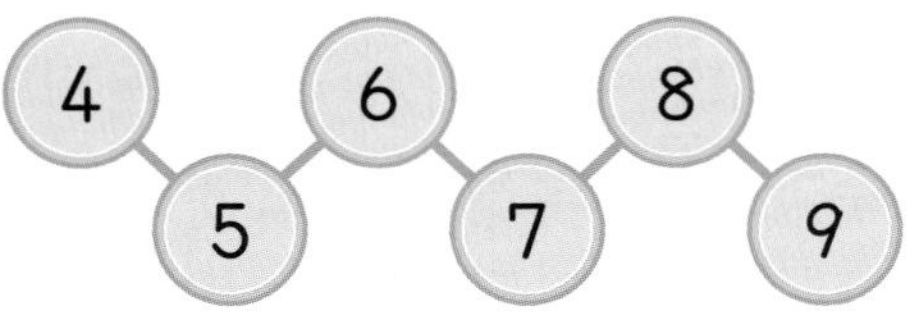


(전략)
수를 순서대로 썼을 때 ■보다 큰 수는 ■의 뒤에 있습니다.

(풀이)
수를 순서대로 썼으므로 6의 뒤에 있는 수가 6보다 큽니다.
6보다 뒤에 있는 7, 8, 9에 ○표 합니다.

답 7, 8, 9에 ○표

### 핵심 예제 8

조건을 만족하는 수를 모두 쓰시오.

- 2보다 큽니다.
- 5보다 작습니다.

( )

(전략)
2보다 크고 5보다 작은 수를 구합니다.

(풀이)
2보다 큰 수는 3, 4, 5, 6, ...입니다.
2보다 큰 수 중에서 5보다 작은 수는 3, 4입니다.
따라서 조건을 만족하는 수는 3, 4입니다.

답 3, 4

**7-1** 4보다 큰 수에 모두 ○표 하시오.

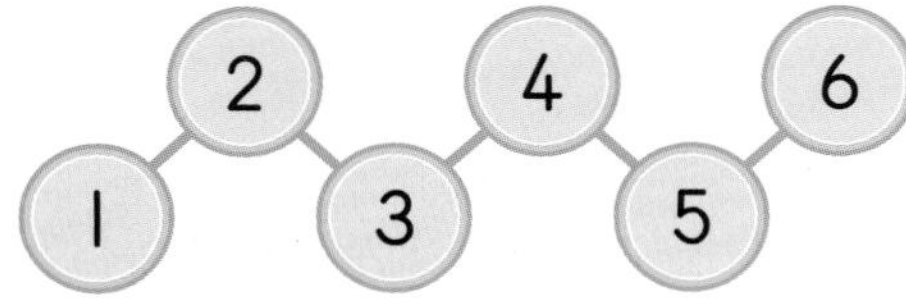


**7-2** 3보다 작은 수에 모두 ○표 하시오.

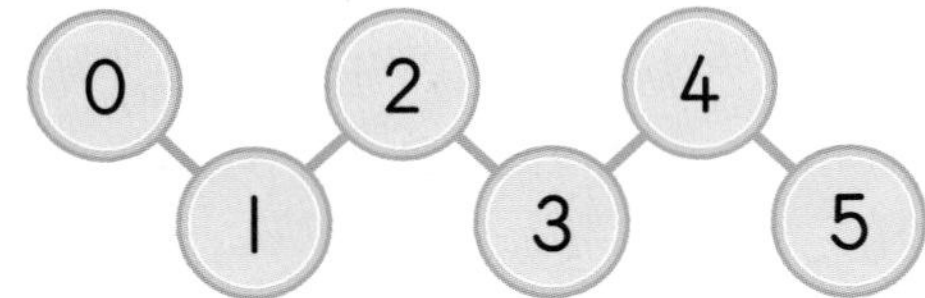


**8-1** 조건을 만족하는 수를 모두 쓰시오.

- 4보다 큽니다.
- 7보다 작습니다.

( )

**8-2** 조건을 만족하는 수를 모두 쓰시오.

- 5보다 큽니다.
- 9보다 작습니다.

( )

1주

# 1주 3일 필수 체크 전략 2



**01** 더 큰 수가 적힌 카드를 낸 사람이 이깁니다. 지연이는 왼쪽에서 넷째, 현우는 왼쪽에서 첫째 카드를 냈을 때 누가 이겼는지 쓰시오.

| | | | | |
|---|---|---|---|---|
| 지연 | 1 | 2 | 4 | 8 |
| 현우 | 9 | 7 | 5 | 3 |

(　　　　　　　　)

Tip ①

지연이는 ☐이 적힌 카드를 내고 현우는 ☐가 적힌 카드를 냈습니다.

**02** 다음 중 가장 큰 수를 쓰시오.

7　　4　　0　　5

(　　　　　　　　)

Tip ②

7, 4, 0, 5를 수의 순서대로 쓰면 0, 4, ☐, ☐입니다.

답 Tip ① 8, 9 ② 5, 7

**03** 민주가 가진 딱지의 수는 3보다 1만큼 더 큽니다. 재준이가 가진 딱지의 수는 민주가 가진 딱지의 수보다 1만큼 더 클 때 재준이가 가지고 있는 딱지는 몇 장입니까?

(　　　　　　　　)

Tip ③

민주가 가진 딱지는 ☐장입니다. 재준이는 딱지를 민주보다 ☐장 더 가지고 있습니다.

**04** 수현이는 어제 책을 9쪽 읽었고 오늘은 5쪽 읽었습니다. 책을 더 많이 읽은 날은 언제입니까?

(　　　　　　　　)

Tip ④

9와 5의 크기를 비교합니다.
☐가 ☐보다 더 큽니다.

답 Tip ③ 4, 1 ④ 9, 5

**05** 4보다 크고 8보다 작은 수를 모두 찾아 ○표 하시오.

| 9 | 4 | 6 |
|---|---|---|
| 5 | 2 | 3 |

Tip ⑤
위의 수를 작은 수부터 차례대로 쓰면 2, 3, □, 5, 6, □입니다.

**06** 다음은 지수가 턱걸이 연습을 한 기록입니다. 턱걸이를 둘째로 많이 한 날은 무슨 요일인지 쓰시오.

| 월요일 | 화요일 | 수요일 | 목요일 | 금요일 |
|---|---|---|---|---|
| 4회 | 6회 | 5회 | 8회 | 3회 |

(　　　　　　　　)

Tip ⑥
턱걸이를 한 횟수 중 가장 큰 수는 □이고 가장 작은 수는 □입니다.

답 Tip ⑤ 4, 9 ⑥ 8, 3

**07** 0부터 9까지의 수 중에서 소라의 수보다 작은 수를 모두 쓰시오.

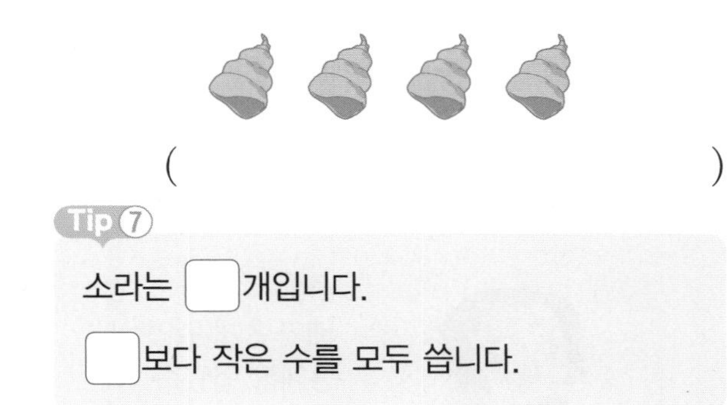

(　　　　　　　　)

Tip ⑦
소라는 □개입니다.
□보다 작은 수를 모두 씁니다.

**08** 조건을 만족하는 수는 몇 개인지 쓰시오.

- 3보다 크고 8보다 작습니다.
- 6보다 작습니다.

(　　　　　　　　)

Tip ⑧
3보다 크고 8보다 작은 수는 4, 5, □, □입니다.

답 Tip ⑦ 4, 4 ⑧ 6, 7

1주

**01** 나은이가 배를 보고 설명했습니다. 틀린 부분을 찾아 바르게 고치시오.

**02** 어제 농구 경기에서 주호는 5골을 넣었습니다. 오늘은 어제보다 1골 더 넣었을 때 오늘 주호가 넣은 골은 몇 골인지 쓰시오.

( )

**03** 건우가 설명하는 수를 읽으시오.

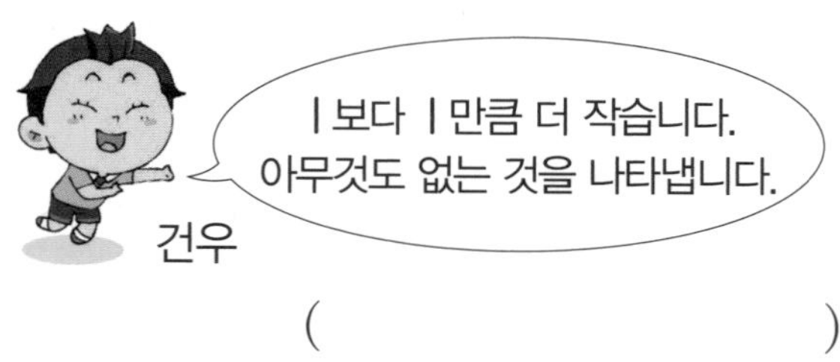


( )

**04** 수를 순서대로 쓰려고 합니다. ㉠, ㉡에 알맞은 수를 쓰시오.

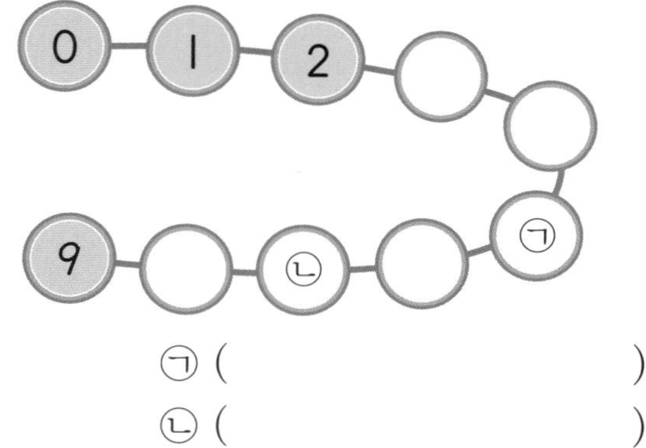


㉠ ( )

㉡ ( )

**05** 수민이가 달리는 순서는 앞에서 셋째입니다. 수민이는 누구인지 번호를 쓰시오.

( )

**06** 더 큰 수에 ○표 하시오.

| 7보다 1만큼 더 작은 수 | 6보다 1만큼 더 큰 수 |
|---|---|

**07** 운동장에 학생 9명이 한 줄로 서 있습니다. 태일이는 앞에서 다섯째이고 재현이의 뒤에는 2명이 서 있습니다. 태일이와 재현이 사이에는 몇 명이 서 있습니까?

( )

**08** 방학 동안 윤호는 책을 6권, 채영이는 8권을 읽었습니다. 더 많은 책을 읽은 사람은 누구입니까?

( )

**09** 과녁 맞히기 놀이를 하였습니다. 점수가 높은 사람부터 등수를 매길 때 3등은 누구입니까?

| 원우 | 승우 | 지수 | 아현 | 서진 |
|---|---|---|---|---|
| 4점 | 6점 | 9점 | 3점 | 5점 |

( )

**10** 조건을 모두 만족하는 수를 모두 쓰시오.

- 3과 8 사이에 있습니다.
- 4보다 큽니다.

( )

1주

**01** ▲와 ■는 1부터 9까지의 수입니다. 다음 조건을 보고 ▲와 ■가 나타내는 수를 구하시오. (단, 같은 모양은 같은 수를 나타냅니다.)

- ▲는 2와 4 사이의 수입니다.
- ■는 4보다 큽니다.
- 6은 ■보다 큽니다.

▲는 ☐, ■는 ☐입니다.

**Tip ①**
1부터 9까지의 수 중에서 4보다 큰 수는 5, 6, 7, ☐, ☐입니다.

**02** 운동장에서 보물 찾기 대회가 열렸습니다. 가장 큰 수가 적힌 글자부터 차례로 붙여 쓰면 보물이 있는 곳을 알 수 있습니다. 보물이 어디에 있는지 쓰시오.

| 3 | 9 | 6 | 0 | 7 |
|---|---|---|---|---|
| 아 | 소 | 무 | 래 | 나 |

☐☐☐ ☐☐에 있습니다.

**Tip ②**
3, 9, 6, 0, 7 중 가장 큰 수는 ☐이므로 가장 앞에 쓸 글자는 ☐입니다.

답 Tip ① 8, 9 ② 9, 소

>> 정답과 풀이 8쪽

**03** 힌트를 보고 자물쇠에 번호를 바르게 쓴 사람은 누구입니까?

힌트

- 맨 위의 수는 8보다 1만큼 더 큰 수입니다.
- 가운데 수는 3과 5 사이에 있는 수입니다.
- 맨 아래의 수는 6보다 1만큼 더 큰 수입니다.

8 4 7

주연

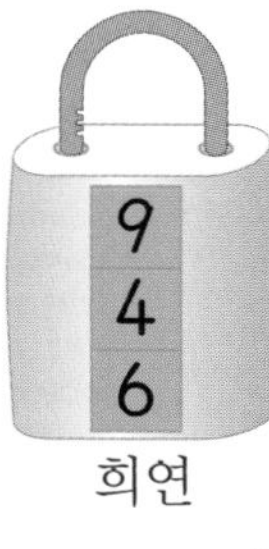


희연

창훈

(　　　　　　　　)

**Tip ③**

맨 위의 수는 8보다 1만큼 더 큰 수이므로 8 바로 □의 수인 □입니다.

**04** 1부터 9까지 쓰여 있는 돌다리가 있습니다. 4보다 작거나 6보다 큰 수를 색칠하여 돌다리를 건너시오.

**Tip ④**

4보다 □ 수와 6보다 □ 수를 색칠합니다.

답 Tip ③ 뒤, 9 ④ 작은, 큰

1주

**05** 보기와 같이 두 수를 넣으면 하나의 수가 나오는 규칙을 가진 요술 상자가 있습니다. 마지막에 나오는 수를 구하시오.

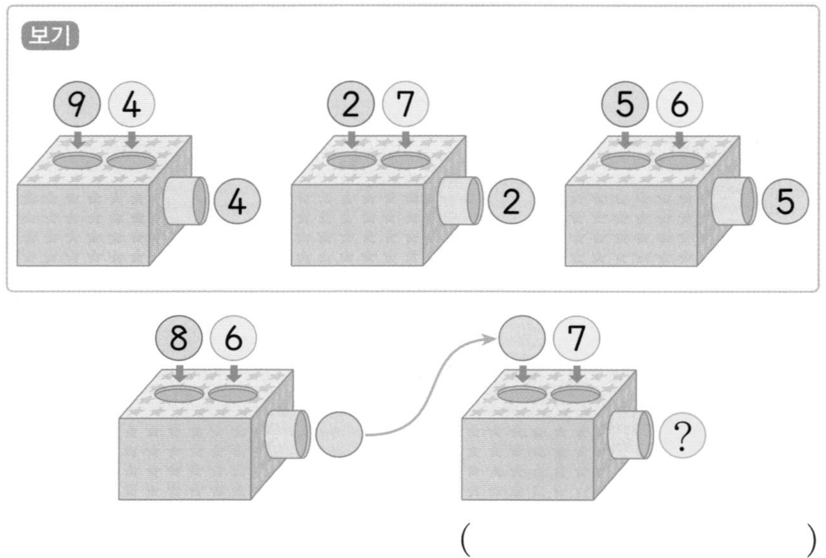


( )

**Tip ⑤**

요술 상자에 두 수를 넣으면 크기가 더 [ ] 수가 나옵니다.

따라서 8과 6을 넣으면 [ ]이 나옵니다.

**06** 어린이 9명이 1부터 9까지의 서로 다른 수를 한 개씩 뽑았습니다. 뽑은 수를 입력에 넣었을 때 당첨된 어린이는 모두 몇 명입니까?

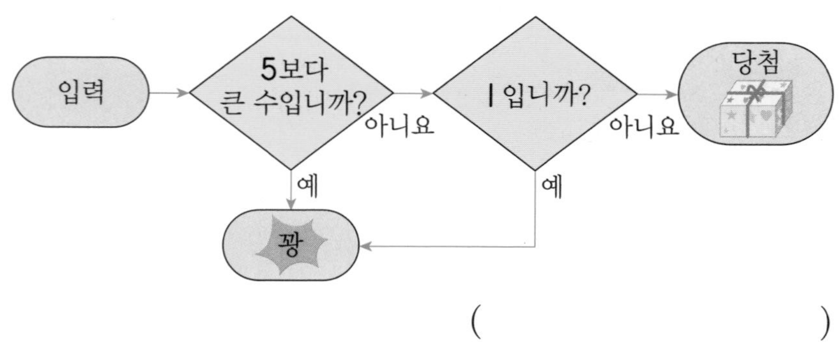


( )

**Tip ⑥**

4는 5보다 [ ]고 1이 아닙니다. 따라서 4를 뽑은 어린이는 당첨됩니다.

답 Tip ⑤ 작은, 6 ⑥ 작

**07** 나은이가 책꽂이를 정리하고 있습니다. 책을 규칙에 따라 알맞게 정리한 칸을 찾아 쓰시오.

규칙
- 책은 한 칸에 4권씩 둡니다.
- 칸 안에서는 작은 수가 적힌 책부터 순서대로 둡니다.

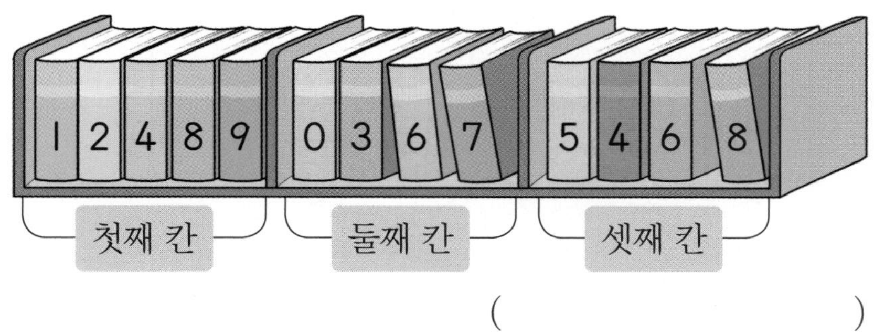


( )

Tip ⑦
첫째 칸은 책이 ☐권입니다.
첫째 칸은 ☐ 수가 적힌 책부터 순서대로 정리했습니다.

**08** 아영이와 선규는 가위바위보를 해서 이기면 1만큼 더 큰 수로, 지면 1만큼 더 작은 수로 움직이기로 했습니다. 아영이는 4, 선규는 8에서 출발하여 다음과 같이 가위바위보를 3번 했을 때 두 사람이 도착한 칸에 쓰여 있는 수를 쓰시오.

| 가위바위보 / 이름 | 1회 | 2회 | 3회 |
|---|---|---|---|
| 아영 | ○ | ○ | × |
| 선규 | × | × | ○ |

(이기면 ○, 지면 ×로 표시)

| 1 | 2 | 3 |
|---|---|---|
| 4 | 5 | 6 |
| 7 | 8 | 9 |

아영 ( ), 선규 ( )

Tip ⑧
아영이는 1회에 이겼으므로 1회가 끝나면 4보다 1만큼 더 ☐ 수인 ☐에 도착합니다.

답 Tip ⑦ 5, 작은 ⑧ 큰, 5

1주

# 2주 덧셈과 뺄셈

닭이 4마리, 병아리가
3마리예요.
닭이 병아리보다
4－3＝1 (마리)
더 많아요.
4－3＝1
돼지 5마리와
돼지 4마리가
있으니까
덧셈식을 쓰면
5＋4＝9입니다.
5＋4＝9

| 공부할 내용 | | |
|---|---|---|
| | ❶ 모으기 | ❸ 덧셈 |
| | ❷ 가르기 | ❹ 뺄셈 |

덧셈과 뺄셈

## 개념 01 모으기를 하고 덧셈하기

• 4와 2를 모으기 하고 덧셈하기

⇨ 4 + 2 = ❶

4와 2를 모으기 하면 6입니다.
따라서 4 + 2 = ❷ 입니다.

### 확인 01 모으기를 하고 덧셈을 하시오.

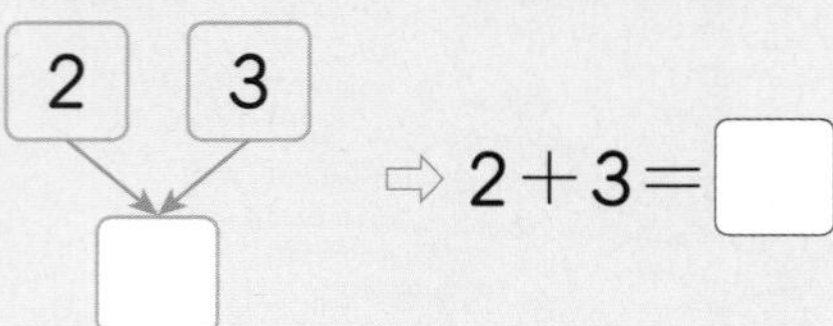

⇨ 2 + 3 = □

## 개념 02 가르기를 하고 뺄셈하기

• 8을 가르기 하고 뺄셈하기

⇨ 8 − 5 = ❶

8은 5와 3으로 가르기 할 수 있습니다.
따라서 8 − 5 = ❷ 입니다.

### 확인 02 가르기를 하고 뺄셈을 하시오.

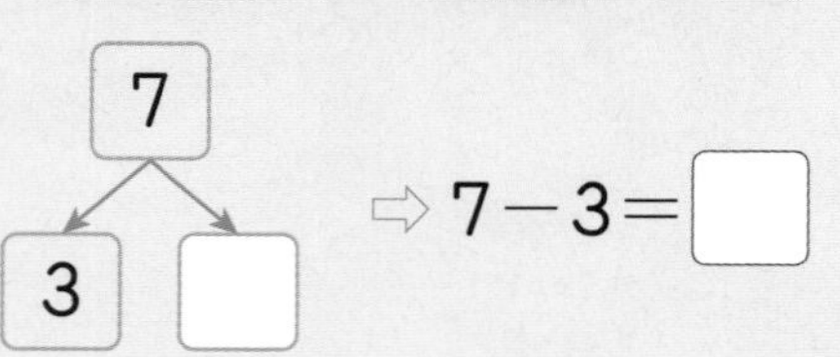

⇨ 7 − 3 = □

## 개념 03 두 수의 합

• 2와 4의 합

쓰기 2 + 4 = 6

읽기 2 더하기 4는 6과 같습니다.
2와 4의 합은 6입니다.

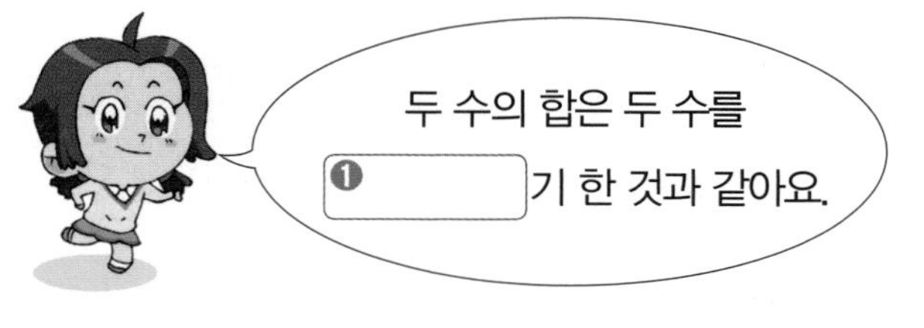


### 확인 03 5와 2의 합을 구하시오.

( )

## 개념 04 두 수의 차

• 3과 5의 차

쓰기 5 − 3 = 2

읽기 5 빼기 3은 2와 같습니다.
3과 5의 차는 2입니다.

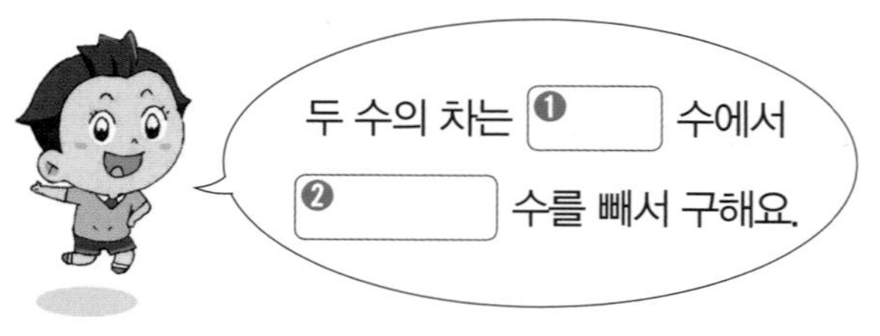


### 확인 04 9와 6의 차를 구하시오.

( )

답 개념 01 ❶ 6 ❷ 6 개념 02 ❶ 3 ❷ 3

답 개념 03 ❶ 모으 개념 04 ❶ 큰 ❷ 작은

## 개념 05 그림을 보고 덧셈식 쓰기

• 블록이 모두 몇 개인지 식으로 나타내기

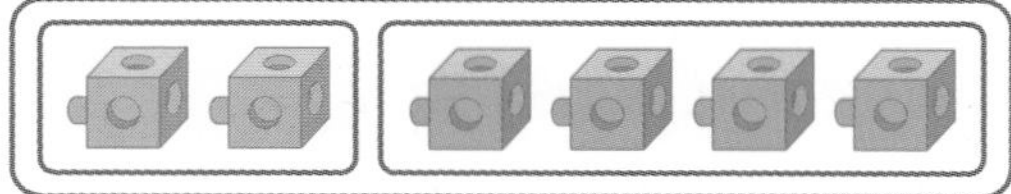

① 빨간색 블록과 초록색 블록의 수를 각각 셉니다.

② 두 수를 더하는 식을 씁니다.

⇨ 2 + ❶ ☐ = ❷ ☐

**확인 05** 그림을 보고 ☐ 안에 알맞은 수를 써넣으시오.

$1+4=$ ☐

## 개념 06 더하기로 나타내는 경우

• 덧셈식으로 나타내야 하는 문제

- 두 수를 모으기 할 때
- 두 수의 합을 구할 때
- 수가 늘어날 때
- 모두 몇 개인지 구할 때

위와 같은 문제에는 ❶ ☐ 식을 씁니다.

**확인 06** 사과는 3개, 배는 3개입니다. 사과와 배는 모두 몇 개인지 식으로 나타내시오.

식 ____________________

답 개념 05 ❶ 4 ❷ 6 개념 06 ❶ 덧셈

## 개념 07 어떤 수와 0을 더하기

• 4와 0을 더하기

4 + ❶ ☐ = ❷ ☐

⇨ 어떤 수에 0을 더하면 어떤 수입니다.

**확인 07** 덧셈을 하시오.

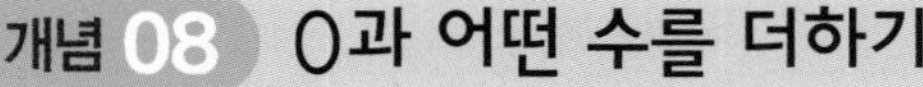

$6+0=$ ☐

## 개념 08 0과 어떤 수를 더하기

• 0과 4를 더하기

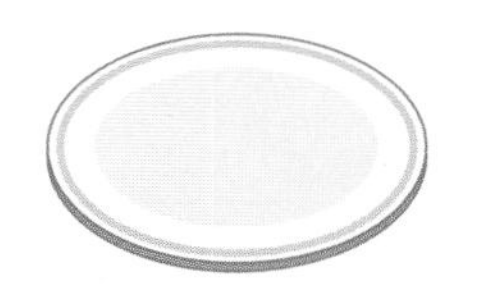

0 + ❶ ☐ = ❷ ☐

⇨ 0에 어떤 수를 더하면 어떤 수입니다.

**확인 08** 덧셈을 하시오.

$0+6=$ ☐

답 개념 07 ❶ 0 ❷ 4 개념 08 ❶ 4 ❷ 4

2주

## 개념 09 그림을 보고 뺄셈식 쓰기

• 우유가 몇 개 남았는지 식으로 나타내기

① 처음에 있던 우유와 가져간 우유의 수를 각각 셉니다.

② 처음 수에서 가져간 우유의 수를 빼는 식을 씁니다.

⇨ 8 − ❶ □ = ❷ □

### 확인 09 그림을 보고 뺄셈을 하시오.

(1)

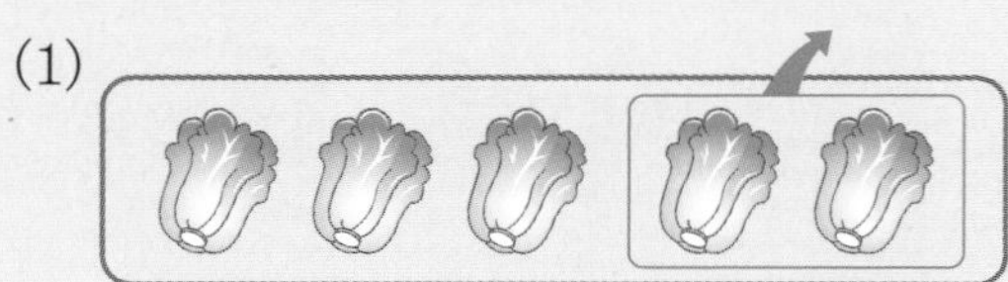

5 − 2 = □

(2)

6 − 4 = □

(3)

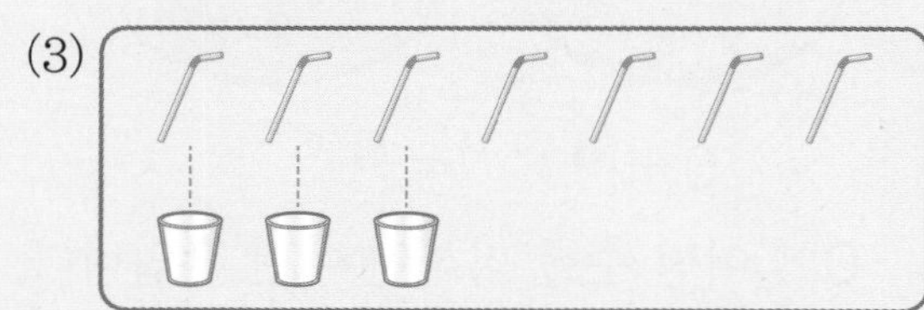

7 − 3 = □

## 개념 10 빼기로 나타내는 경우

• 뺄셈식으로 나타내야 하는 문제

- 두 수로 가르기 할 때
- 두 수의 차를 구할 때
- 수가 줄어들 때
- 몇 개 남았는지 구할 때
- 몇 개 더 많은지 구할 때

위와 같은 문제에는 ❶ □ 식을 씁니다.

### 확인 10 사과 4개 중에서 3개를 먹었습니다. 사과가 몇 개 남았는지 식으로 나타내시오.

식 ____________________

## 개념 11 수 카드로 차가 가장 큰 식 만들기

차가 가장 크려면 가장 큰 수에서 가장 작은 수를 빼야 합니다.

가장 큰 수는 9이고 가장 작은 수는 1입니다.

⇨ 차가 가장 큰 식은

❶ □ − ❷ □ = 8입니다.

### 확인 11 수 카드 3, 6, 2 중 2장을 골라 차가 가장 큰 식을 쓰시오.

□ − □ = □

답 개념 09 ❶ 5 ❷ 3

답 개념 10 ❶ 뺄셈 개념 11 ❶ 9 ❷ 1

## 개념 12 어떤 수에서 0을 빼기

• 4에서 0을 빼기

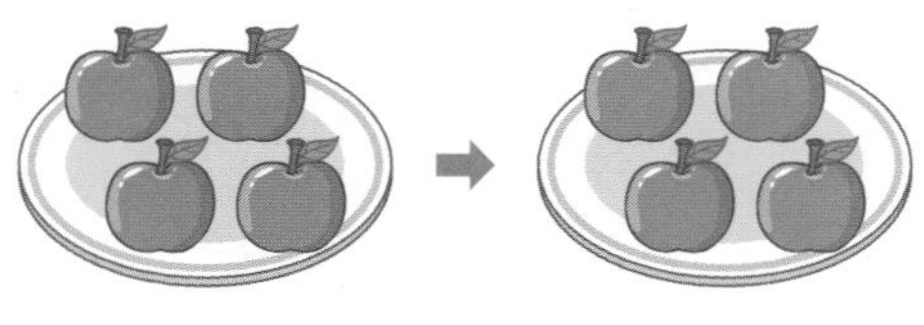

4 − ❶ [ ] = ❷ [ ]

⇨ 어떤 수에서 0을 빼면 어떤 수 그대로입니다.

**확인 12** 뺄셈을 하시오.

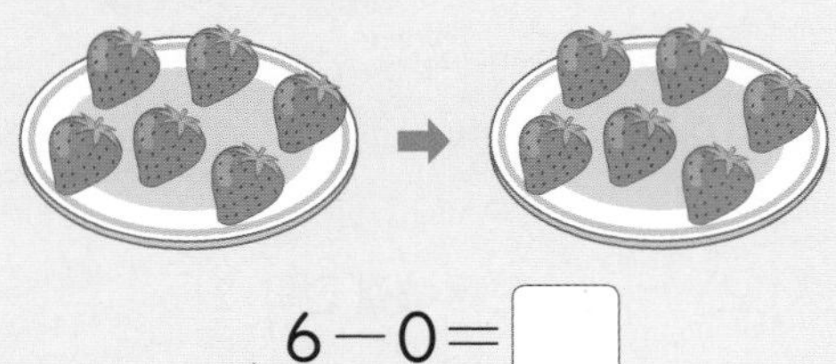

6 − 0 = [ ]

## 개념 13 전체에서 전체를 빼기

• 4에서 4를 빼기

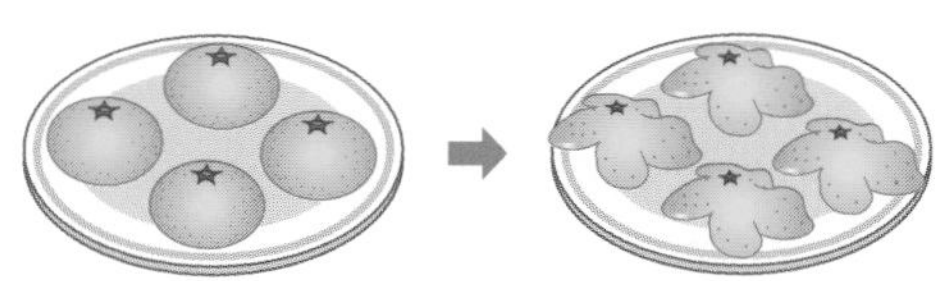

4 − 4 = ❶ [ ]

⇨ 전체에서 전체를 빼면 ❷ [ ] 입니다.

**확인 13** 뺄셈을 하시오.

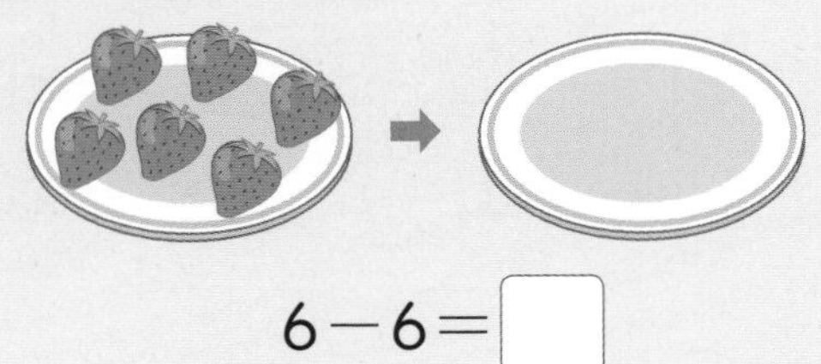

6 − 6 = [ ]

답 개념 12 ❶ 0 ❷ 4 개념 13 ❶ 0 ❷ 0

## 개념 14 □ 안에 + 써넣기

1 □ 4 = 5

계산 결과가 처음에 있는 수보다 더 크므로 ❶ [ ] 을 한 것입니다.

□ 안에 ❷ [ ] 를 써넣습니다.

**확인 14** □ 안에 +가 들어가는 식을 찾아 ○표 하시오.

6 □ 2 = 4 ( )

2 □ 3 = 5 ( )

2주

## 개념 15 □ 안에 − 써넣기

8 □ 2 = 6

계산 결과가 처음에 있는 수보다 더 작으므로 ❶ [ ] 을 한 것입니다.

□ 안에 ❷ [ ] 를 써넣습니다.

**확인 15** □ 안에 −가 들어가는 식을 찾아 ○표 하시오.

8 □ 2 = 6 ( )

4 □ 3 = 7 ( )

답 개념 14 ❶ 덧셈 ❷ + 개념 15 ❶ 뺄셈 ❷ −

# 개념 돌파 전략 2



**01** 같은 수로 가르기 하시오.

(1)

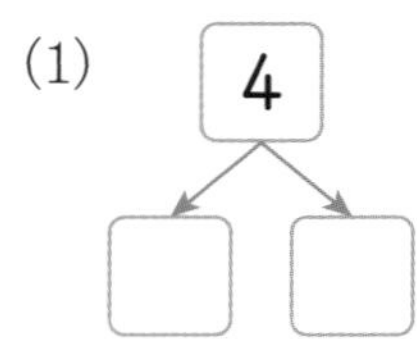


(2)

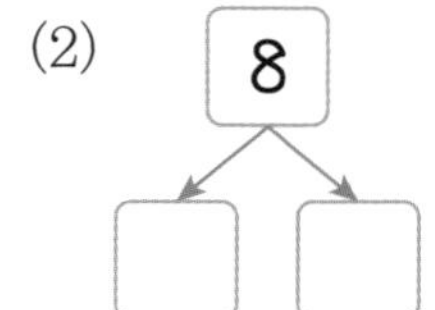


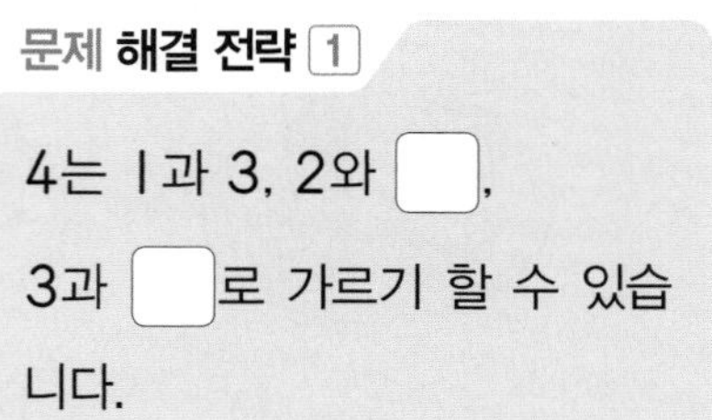

문제 **해결 전략** 1

4는 1과 3, 2와 □, 3과 □로 가르기 할 수 있습니다.

**02** 공이 모두 몇 개인지 구하려고 합니다. 알맞은 식을 쓰시오.

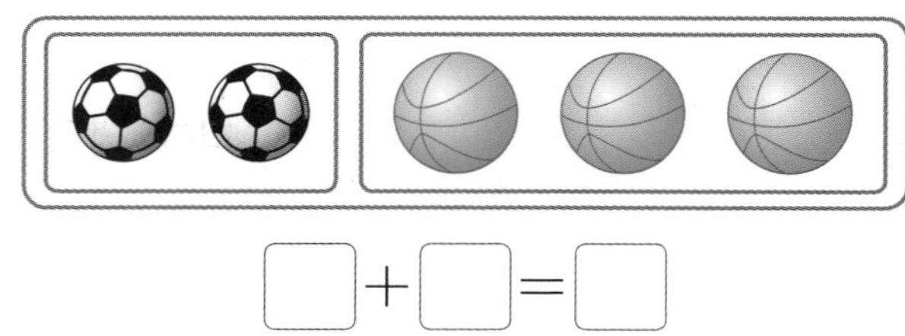

□+□=□

문제 **해결 전략** 2

축구공은 2개이고 농구공은 □개입니다. 2와 □을 더합니다.

**03** 두 수의 합을 빈 곳에 써넣으시오.

| 3 | 5 |
|---|---|
| | |

문제 **해결 전략** 3

3과 □의 합을 구합니다.

3 □기 5를 계산합니다.

답 1 2, 1 2 3, 3 3 5, 더하

>> 정답과 풀이 10쪽

**04** 만두가 접시보다 몇 개 더 많은지 구하려고 합니다. 알맞은 식을 쓰시오.

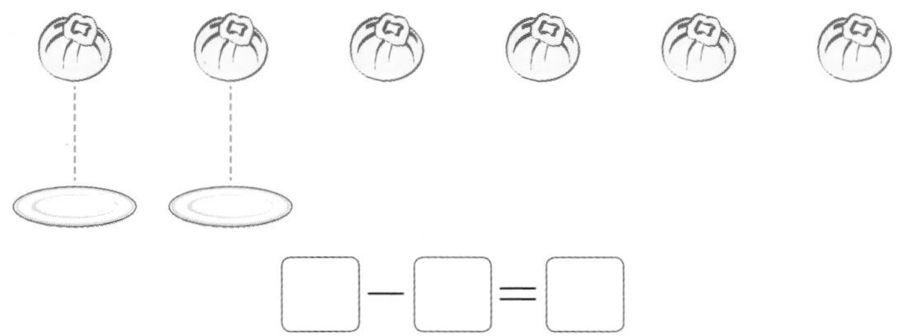

☐－☐＝☐

**문제 해결 전략 4**

만두는 6개이고 접시는 ☐개입니다. 6에서 ☐를 뺍니다.

**05** 그림을 보고 ☐ 안에 알맞은 수를 써넣으시오.

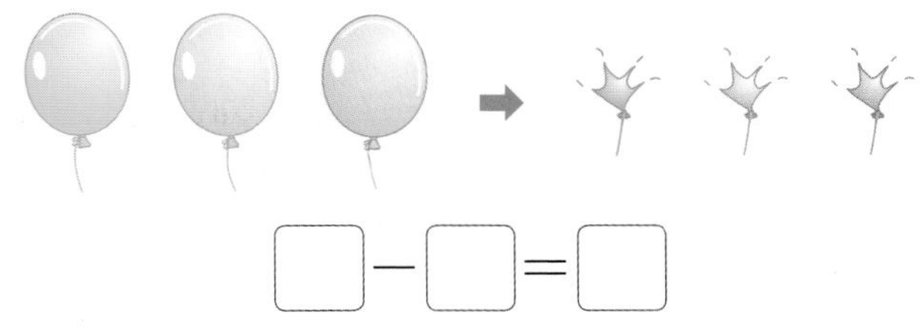

☐－☐＝☐

**문제 해결 전략 5**

풍선 3개 중에서 ☐개가 터졌습니다. 남은 풍선은 ☐개입니다.

**06** 계산 결과가 같은 것끼리 이으시오.

| 3＋5 • | • 1＋8 |
|---|---|
| 7＋2 • | • 4＋4 |

**문제 해결 전략 6**

3＋5는 ☐이므로 계산 결과가 ☐인 식을 찾아 잇습니다.

2주

답 4 2, 2 5 3, 0 6 8, 8

# 필수 체크 전략 1

**핵심 예제 1**

모으기 하여 4가 되는 두 수를 찾아 ○표 하시오.

| 6 | 3 | 8 |
|---|---|---|
| 1 | 5 | 4 |

전략

모으기 하여 4가 되는 수는 4보다 크지 않습니다.

풀이

3과 1을 모으기 하면 4입니다.

답 3, 1에 ○표

**1-1** 모으기 하여 6이 되는 두 수를 찾아 ○표 하시오.

| 2 | 4 | 9 |
|---|---|---|
| 1 | 0 | 8 |

**1-2** 모으기 하여 9가 되는 두 수를 찾아 ○표 하시오.

| 0 | 3 | 4 |
|---|---|---|
| 5 | 8 | 7 |

**핵심 예제 2**

5를 두 수로 알맞게 가르기 한 것을 찾아 ○표 하시오.

| 3과 2 | 1과 5 |
|---|---|
| (　　　) | (　　　) |

전략

5를 가르기 한 두 수를 다시 모으기 하면 5입니다.
따라서 두 수를 모으기 하여 5인 것을 찾습니다.

풀이

3과 2를 모으기 하면 5입니다.
따라서 5는 3과 2로 가르기 할 수 있습니다.

답 ( ○ )(　)

**2-1** 7을 두 수로 알맞게 가르기 한 것을 찾아 ○표 하시오.

| 4와 4 | 5와 2 |
|---|---|
| (　　　) | (　　　) |

**2-2** 8을 두 수로 알맞게 가르기 한 것을 찾아 ○표 하시오.

| 3과 4 | 2와 6 |
|---|---|
| (　　　) | (　　　) |

## 핵심 예제 3

㉠, ㉡ 중 더 큰 것을 찾아 기호를 쓰시오.

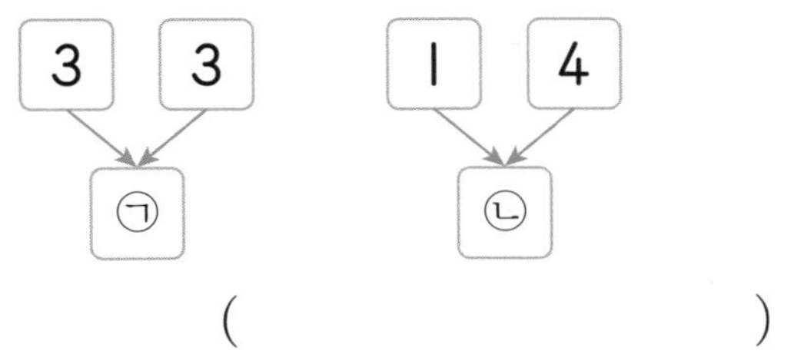

(　　　　　　　　　)

전략
3과 3을 모으기 하고 1과 4를 모으기 한 다음 두 수의 크기를 비교합니다.

풀이
㉠은 6이고, ㉡은 5입니다.
6이 5보다 큽니다.
따라서 ㉠, ㉡ 중 더 큰 것은 ㉠입니다.

답 ㉠

## 핵심 예제 4

그림을 보고 덧셈식을 쓰고 읽으시오.

쓰기 $3+1=\square$

읽기 3 더하기 1은 □와/과 같습니다.

전략
덧셈을 이용하여 고양이가 모두 몇 마리인지 구하는 식을 쓰고 읽습니다.

풀이
고양이 3마리에 1마리를 더하면 4마리이므로 $3+1=4$입니다.

답 4, 4

2주

**3-1** ㉠, ㉡ 중 더 큰 것을 찾아 기호를 쓰시오.

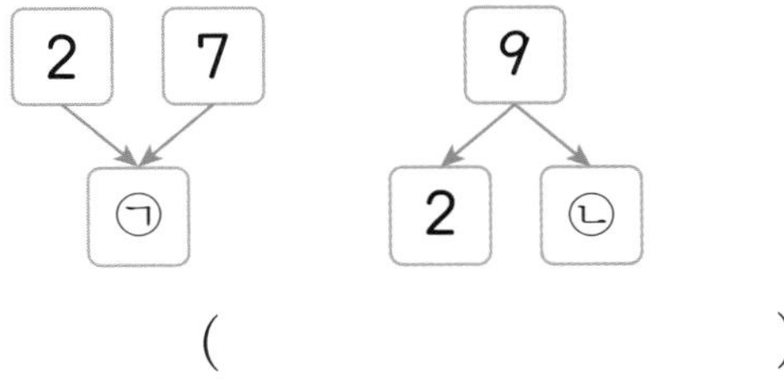

(　　　　　　　　　)

**3-2** ㉠, ㉡ 중 더 큰 것을 찾아 기호를 쓰시오.

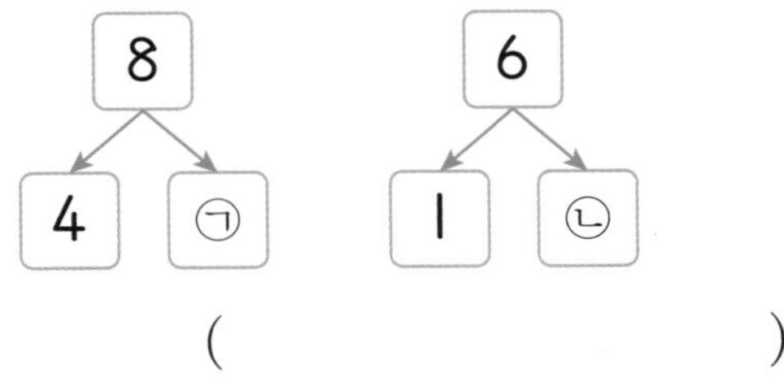

(　　　　　　　　　)

**4-1** 그림을 보고 덧셈식을 쓰고 읽으시오.

쓰기 ____________________

읽기 ____________________

**4-2** 그림을 보고 덧셈식을 쓰고 읽으시오.

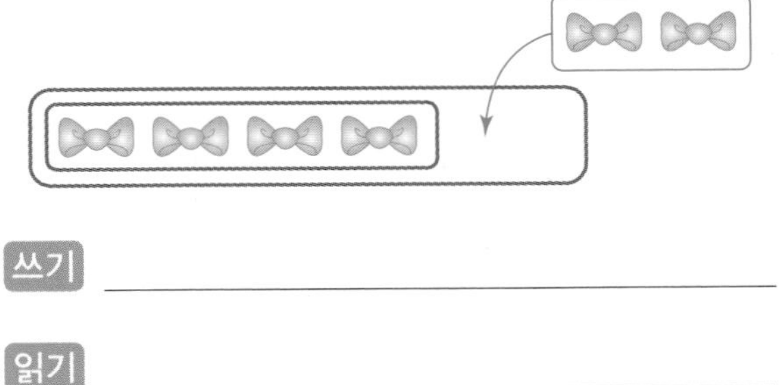

쓰기 ____________________

읽기 ____________________

**핵심 예제 5**

두 수의 합이 더 큰 것에 ○표 하시오.

| 5와 1 | 3과 2 |
| --- | --- |
| (　　　) | (　　　) |

전략

5+1, 3+2를 각각 계산한 다음 두 수의 크기가 큰 것에 ○표 합니다.

풀이

5+1=6이고 3+2=5입니다.
6이 5보다 큽니다.
따라서 합이 더 큰 것은 5와 1입니다.

답 (○)(　)

**핵심 예제 6**

빈 곳에 알맞은 수를 써넣으시오.

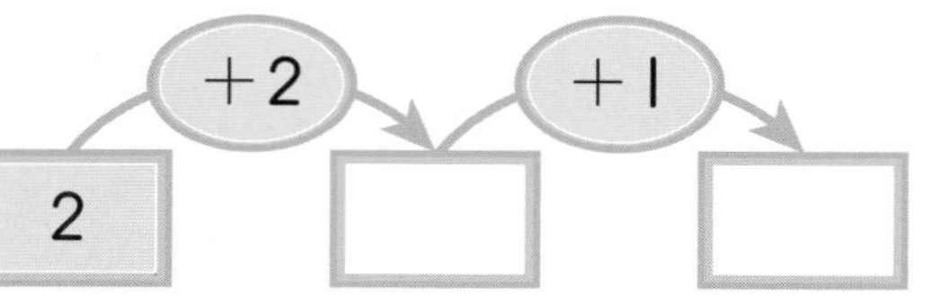


전략

2부터 시작하여 화살표를 따라 덧셈을 하여 다음 칸에 씁니다.

풀이

2+2=4이므로 2 다음 칸에 4를 씁니다.
4+1=5이므로 4 다음 칸에 5를 씁니다.

답 4, 5

**5-1** 두 수의 합이 더 큰 것에 ○표 하시오.

| 2와 6 | 3과 4 |
| --- | --- |
| (　　　) | (　　　) |

**5-2** 두 수의 합이 더 작은 것에 ×표 하시오.

| 4와 5 | 7과 1 |
| --- | --- |
| (　　　) | (　　　) |

**6-1** 빈 곳에 알맞은 수를 써넣으시오.

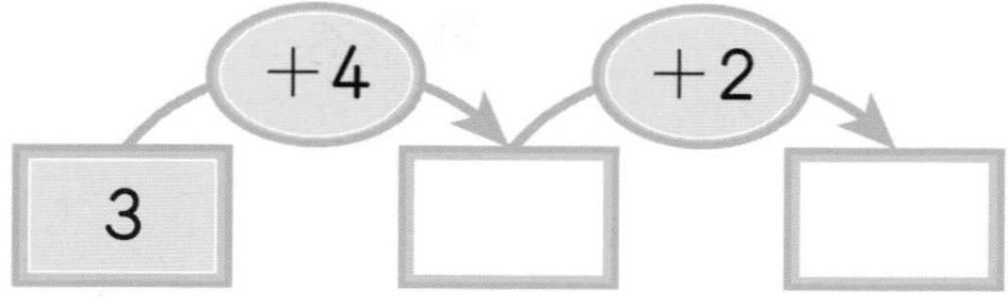


**6-2** 빈 곳에 알맞은 수를 써넣으시오.

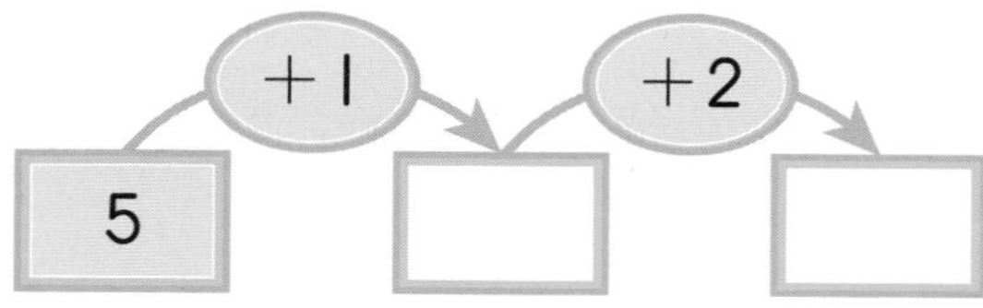

## 핵심 예제 7

놀이터에 있는 어린이는 모두 몇 명입니까?

( )

전략

놀이터에 있는 어린이의 수가 늘었습니다.
6과 2를 더합니다.

풀이

놀이터에 있는 어린이는 모두 $6+2=8$(명)입니다.

답 8명

## 핵심 예제 8

식에 알맞은 상황을 찾아 기호를 쓰시오.

$$4+3=7$$

㉠ 빵 4개 중 3개를 먹었습니다.
㉡ 사탕이 4개 있는데 3개를 더 샀습니다.

( )

전략

$4+3=7$에 알맞은 상황을 생각해 봅니다.

풀이

㉡ 사탕은 모두 $4+3=7$(개)입니다.

답 ㉡

**7-1** 민석이는 케이크를 2조각, 수홍이는 케이크를 3조각 먹었습니다. 두 사람이 먹은 케이크는 모두 몇 조각입니까?

( )

**7-2** 영진이가 가진 색연필은 4자루입니다. 소민이가 가진 색연필은 영진이가 가진 색연필보다 3자루 더 많습니다. 소민이가 가진 색연필은 몇 자루입니까?

( )

**8-1** 식에 알맞은 상황을 찾아 기호를 쓰시오.

$$2+2=4$$

㉠ 새 2마리가 모두 날아갔습니다.
㉡ 동생과 나는 머리핀을 똑같이 2개씩 가지고 있습니다.

( )

**8-2** 식에 알맞은 상황을 찾아 기호를 쓰시오.

$$5+4=9$$

㉠ 버스에 탄 사람은 어른이 5명이고 어린이가 4명입니다.
㉡ 학생 5명 중 4명이 집에 갔습니다.

( )

**01** 피자 8조각을 두 개의 접시에 똑같이 나누어 놓으려고 합니다. 한 접시에 피자 몇 조각을 놓아야 합니까?

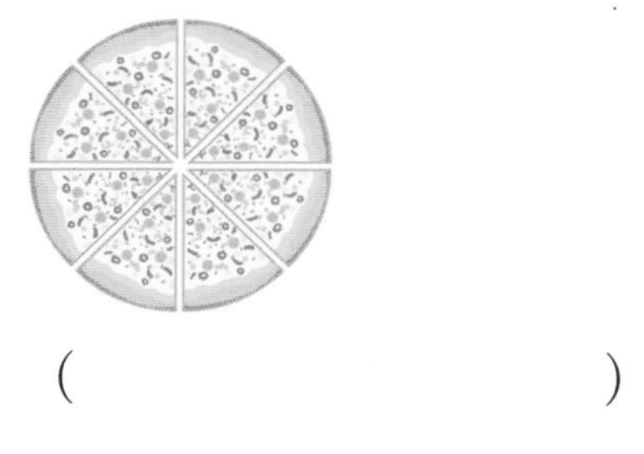

( )

Tip ①

8은 1과 7, 2와 6, 3과 ☐, 4와 ☐로 가르기 할 수 있습니다.

**02** 모으기 하여 ㉠을 구하시오.

2, 1 → ☐; 3, ☐ → ☐; 2, ☐ → ㉠

( )

Tip ②

가장 왼쪽에 있는 빈칸에 알맞은 수는 2와 ☐을 모으기 한 ☐입니다.

답 Tip ① 5, 4 ② 1, 3

**03** 계산 결과가 가장 큰 것부터 순서대로 기호를 쓰시오.

| | |
|---|---|
| ㉠ 2+4 | ㉡ 6+3 |
| ㉢ 4+3 | ㉣ 7+1 |

( )

Tip ③

2와 4를 더하면 ☐이고 6과 3을 더하면 ☐입니다.

**04** 수 카드 중 2장을 골라 합이 가장 큰 덧셈식을 쓰시오.

1 4 0 5

식 ☐+☐=☐

Tip ④

합이 가장 크려면 가장 ☐ 수와 둘째로 ☐ 수를 더합니다.

답 Tip ③ 6, 9 ④ 큰, 큰

**05** 영은이는 오늘 귤을 아침에 2개, 저녁에 3개 먹었습니다. 진운이는 오늘 귤을 아침에 4개, 저녁에 2개 먹었습니다. 오늘 귤을 더 많이 먹은 사람은 누구입니까?

(　　　　　　　　　　)

**Tip ⑤**

오늘 먹은 귤의 수는 [　　]에 먹은 귤의 수와 [　　]에 먹은 귤의 수를 더합니다.

**06** 민지와 동생이 화단에 꽃을 심었습니다. 민지는 3송이를 심었고 동생은 민지보다 3송이를 더 심었을 때 두 사람이 심은 꽃은 모두 몇 송이입니까?

(　　　　　　　　　　)

**Tip ⑥**

동생이 심은 꽃의 수는 3과 [　]을 더한 [　]송이입니다.

답 Tip ⑤ 아침, 저녁 ⑥ 3, 6

**07** 현우는 어제 고구마 3개, 감자 2개를 캤습니다. 오늘은 현우가 고구마 4개, 감자 6개를 캤을 때 어제와 오늘 고구마와 감자 중 현우가 더 많이 캔 것은 무엇입니까?

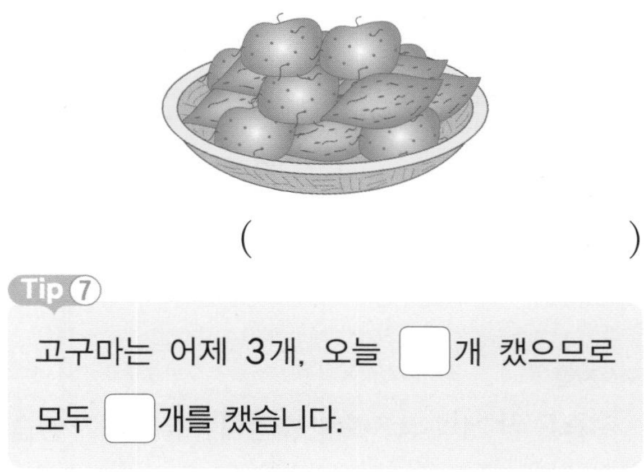

(　　　　　　　　　　)

**Tip ⑦**

고구마는 어제 3개, 오늘 [　]개 캤으므로 모두 [　]개를 캤습니다.

**08** 두 수를 골라 두 수의 합이 8인 덧셈식을 만드시오.

| 7 | 5 | 2 | 3 |
|---|---|---|---|

식 ______________________

**Tip ⑧**

더했을 때 [　]이 되는 수를 [　]개 골라 덧셈식을 씁니다.

답 Tip ⑦ 4, 7 ⑧ 8, 2

# 2주 3일 필수 체크 전략 1



**핵심 예제 1**

그림을 보고 뺄셈식을 쓰고 읽으시오.

쓰기 5－2＝☐

읽기 5 빼기 2는 ☐와/과 같습니다.

전략

구슬을 한 개씩 짝 지으면 빨간색 구슬 3개가 남습니다.

풀이

구슬을 한 개씩 짝 지었을 때 짝 지어지지 않은 구슬은 3개입니다.

답 3, 3

**1-1** 그림을 보고 뺄셈식을 쓰고 읽으시오.

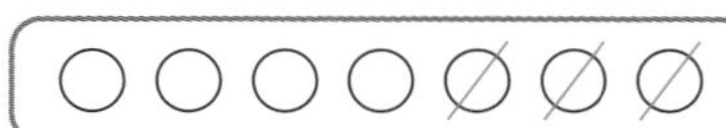

쓰기 ____________________

읽기 ____________________

**1-2** 그림을 보고 뺄셈식을 쓰고 읽으시오.

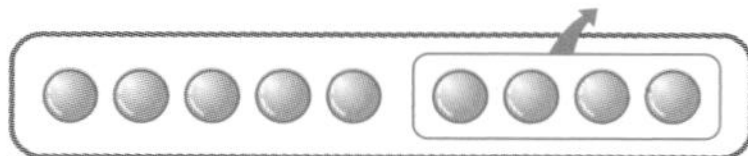

쓰기 ____________________

읽기 ____________________

**핵심 예제 2**

수 카드 중에서 가장 큰 수와 가장 작은 수의 차를 구하시오.

( )

전략

가장 큰 수와 가장 작은 수를 구합니다.

풀이

가장 큰 수는 8이고 가장 작은 수는 2입니다.
8과 2의 차는 8－2＝6입니다.

답 6

**2-1** 수 카드 중에서 가장 큰 수와 가장 작은 수의 차를 구하시오.

3 5 4 7

( )

**2-2** 수 카드 중에서 가장 큰 수와 가장 작은 수의 차를 구하시오.

5 1 6 4

( )

**핵심 예제 3**

빈 곳에 알맞은 수를 써넣으시오.

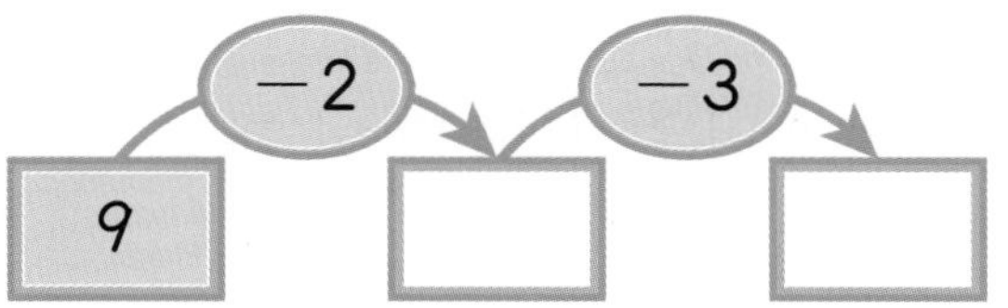


전략

9부터 시작하여 화살표를 따라 뺄셈을 하여 다음 칸에 씁니다.

풀이

9−2=7이므로 9 다음 칸에 7를 씁니다.
7−3=4이므로 7 다음 칸에 4를 씁니다.

답 7, 4

**핵심 예제 4**

계산 결과가 5인 식을 찾아 ○표 하시오.

| 7−5 | 8−3 |
|---|---|
| 6−2 | 9−6 |

전략

뺄셈식을 계산합니다.

풀이

7−5=2, 8−3=5,
6−2=4, 9−6=3
이므로 계산 결과가 5인 식은 8−3입니다.

답 8−3에 ○표

**3-1** 빈 곳에 알맞은 수를 써넣으시오.

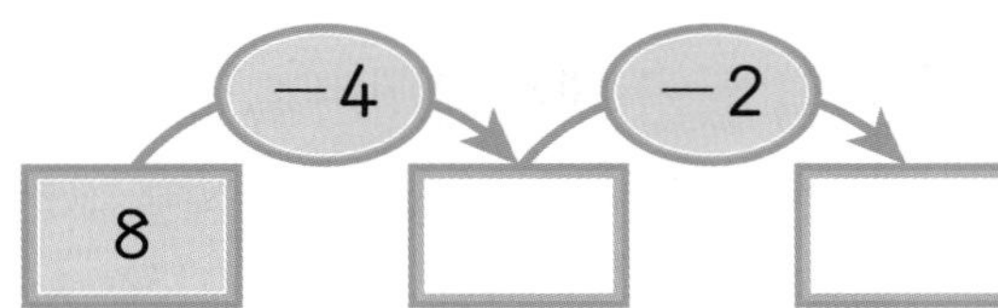


**3-2** 빈 곳에 알맞은 수를 써넣으시오.

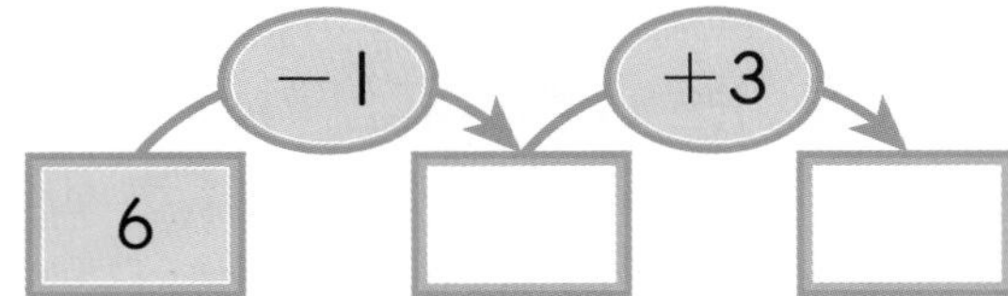


**4-1** 계산 결과가 4인 식을 찾아 ○표 하시오.

| 9−3 | 7−2 |
|---|---|
| 8−6 | 6−2 |

**4-2** 계산 결과가 6인 식을 찾아 ○표 하시오.

| 6−3 | 9−3 |
|---|---|
| 5+2 | 4+3 |

2주

### 핵심 예제 5

케이크 6조각 중에서 3조각을 먹었습니다. 남은 케이크는 몇 조각입니까?

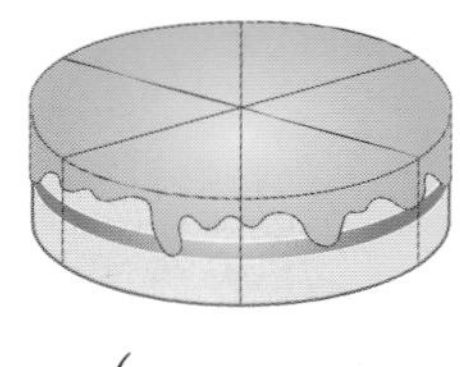

(　　　　　　　　　)

전략
뺄셈식을 이용하여 남은 케이크가 몇 조각인지 구합니다.

풀이
6－3＝3이므로 케이크는 3조각 남았습니다.

답 3조각

### 핵심 예제 6

빵을 지호는 4개, 상우는 2개, 현아는 6개 먹었습니다. 빵을 가장 많이 먹은 사람은 가장 적게 먹은 사람보다 몇 개 더 먹었습니까?

(　　　　　　　　　)

전략
가장 많이 먹은 사람과 가장 적게 먹은 사람을 찾습니다.

풀이
빵을 가장 많이 먹은 사람은 현아이고 가장 적게 먹은 사람은 상우입니다. 현아는 상우보다 6－2＝4(개) 더 먹었습니다.

답 4개

**5-1** 봉지에 귤을 8개 넣으려고 합니다. 귤을 몇 개 더 넣어야 합니까?

(　　　　　　　　　)

**5-2** 풍선 가게에 풍선이 9개 있습니다. 풍선이 아침에 5개, 저녁에 3개가 팔렸다면 남은 풍선은 몇 개입니까?

(　　　　　　　　　)

**6-1** 한 달 동안 책을 정아는 4권, 민호는 3권, 선주는 8권 읽었습니다. 책을 가장 많이 읽은 사람은 가장 적게 읽은 사람보다 몇 권 더 읽었습니까?

(　　　　　　　　　)

**6-2** 게임 점수가 수민이는 9점, 연서는 2점, 정훈이는 3점입니다. 가장 높은 점수를 받은 사람은 가장 낮은 점수를 받은 사람보다 몇 점 더 받았습니까?

(　　　　　　　　　)

**핵심 예제 7**

□ 안에 0이 들어가는 식을 찾아 ○표 하시오.

5－5＝□　　　6－□＝0

(　　　)　　　(　　　)

(전략)
□ 안에 알맞은 수를 구합니다.

(풀이)
5에서 5를 빼면 0이므로 □ 안에 알맞은 수는 0입니다.
6에서 6을 빼면 0이므로 □ 안에 알맞은 수는 6입니다.

답 ( ○ )(　　)

**7-1** □ 안에 0이 들어가는 식을 찾아 ○표 하시오.

4－□＝4　　　0＋3＝□

(　　　)　　　(　　　)

**7-2** □ 안에 0이 들어가는 식을 찾아 ○표 하시오.

9－□＝0　　　5＋□＝5

(　　　)　　　(　　　)

**핵심 예제 8**

□ 안에 ＋ 또는 －를 알맞게 써넣으시오.

8□1＝7

(전략)
덧셈을 하면 처음 수보다 커집니다.
뺄셈을 하면 처음 수보다 작아집니다.

(풀이)
8□1＝7은 처음 수보다 계산 결과가 더 작으므로 뺄셈 기호가 알맞습니다.

답 －

**8-1** □ 안에 ＋ 또는 －를 알맞게 써넣으시오.

4□2＝6

**8-2** □ 안에 ＋ 또는 －를 알맞게 써넣으시오.

7□7＝0

01 가르기 하여 ㉠을 구하시오.

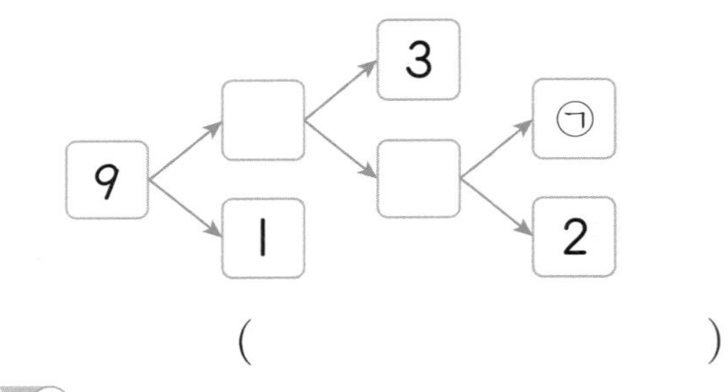


(                    )

Tip ①

9는 □과 1로 가르기 할 수 있으므로 가장 왼쪽에 있는 빈칸에 알맞은 수는 □입니다.

02 계산 결과가 다른 식을 찾아 ×표 하시오.

| | |
|---|---|
| 5－1 | 9－5 |
| 8－3 | 4－0 |

Tip ②

어떤 수에서 □을 빼면 어떤 수 그대로 입니다. 따라서 4－0은 □와 같습니다.

답 Tip ① 8, 8 ② 0, 4

03 학급 문고에 만화책이 8권 중에서 3권만 남았습니다. 학생들이 읽고 있는 만화책은 몇 권입니까?

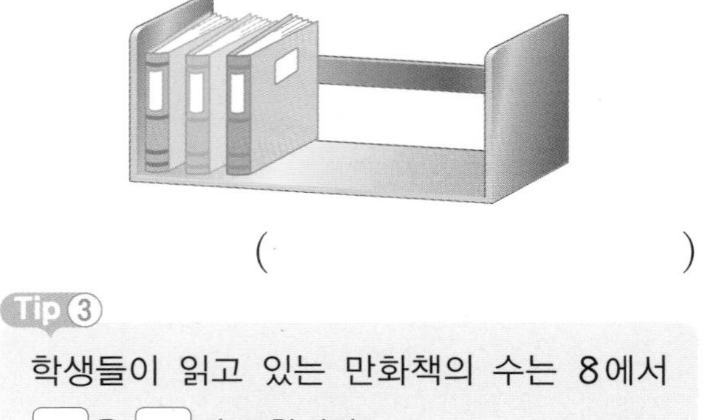

(                    )

Tip ③

학생들이 읽고 있는 만화책의 수는 8에서 □을 □서 구합니다.

04 계산 결과가 7－4보다 큰 것을 모두 찾아 색칠하시오.

Tip ④

7－4는 □이므로 계산 결과가 □보다 큰 식을 찾습니다.

답 Tip ③ 3, 빼 ④ 3, 3

**05** 초콜릿 과자 8개가 있습니다. 민우는 2개를 먹었고 영훈이는 민우보다 2개 더 먹었습니다. 초콜릿 과자는 몇 개 남았습니까?

(　　　　　　　　　　)

Tip ⑤
민우는 초콜릿 과자를 □개 먹었고 영훈이는 초콜릿 과자를 □개 먹었습니다.

**06** 가게에서 우유를 팔고 있습니다. 초코우유는 9개 중에서 7개가 팔렸고, 딸기우유는 6개 중에서 6개가 팔렸습니다. 더 많이 남은 우유를 쓰시오.

(　　　　　　　　　　)우유

Tip ⑥
초코우유는 9개 중에서 □개 팔렸으므로 □개 남았습니다.

답 Tip ⑤ 2, 4 ⑥ 7, 2

**07** 수 카드 중 2장을 골라 차가 가장 큰 뺄셈식을 쓰시오.

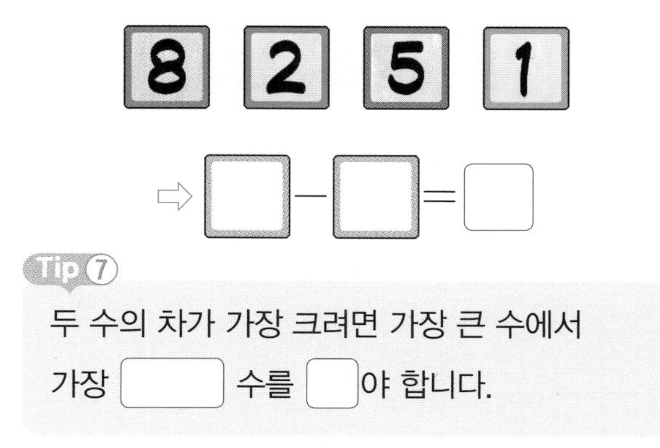


Tip ⑦
두 수의 차가 가장 크려면 가장 큰 수에서 가장 □ 수를 □야 합니다.

**08** 설명하는 수를 쓰시오.

(　　　　　　　　　　)

Tip ⑧
6과의 차가 3인 수는 6보다 □만큼 크거나 6보다 □만큼 작습니다.

답 Tip ⑦ 작은, 빼 ⑧ 3, 3

2주

맞은 개수 / 개

**01** 6을 같은 수로 가르기 하시오.

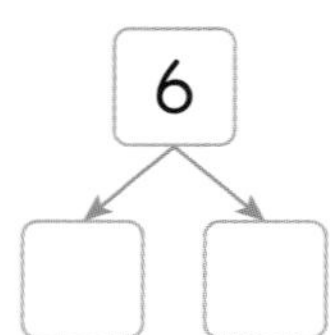

**02** 두 수를 모으기 한 결과가 다른 하나를 찾아 기호를 쓰시오.

| ㉠ 3과 6 | ㉡ 4와 4 |
|---|---|
| ㉢ 1과 8 | ㉣ 2와 7 |

( )

**03** 그림을 보고 덧셈식을 쓰시오.

식 ______

**04** 수연이네 모둠의 남학생은 5명, 여학생은 3명입니다. 수연이네 모둠의 전체 학생 수는 모두 몇 명인지 식을 쓰고 답을 구하시오.

식 ______

답 ______

**05** 빈 곳에 알맞은 수를 써넣으시오.

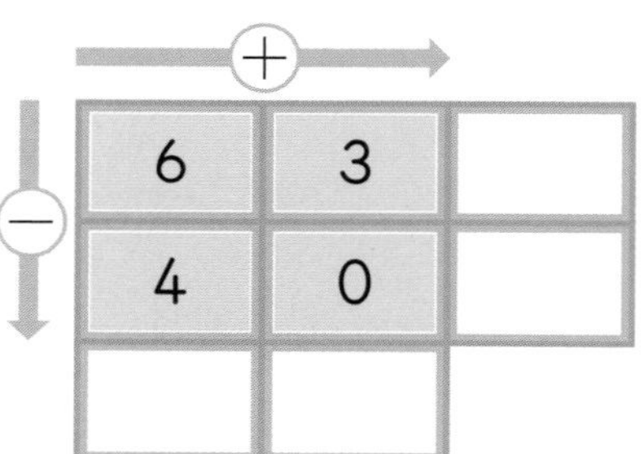

**06** 계산 결과가 가장 큰 것부터 순서대로 기호를 쓰시오.

| | |
|---|---|
| ㉠ 9−0 | ㉡ 4+2 |
| ㉢ 6−2 | ㉣ 3+5 |

( )

**07** 풍선 터뜨리기 놀이에서 성호는 5개, 진구는 2개, 나래는 6개의 풍선을 터뜨렸습니다. 풍선을 가장 많이 터뜨린 사람은 가장 적게 터뜨린 사람보다 몇 개 더 터뜨렸습니까?

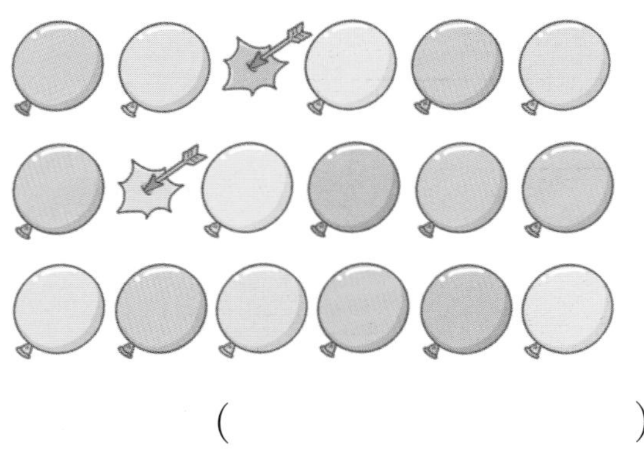

( )

**08** 수 카드 중 차가 4인 두 수를 고르시오.

8 1 5 3

( )

**09** ㉠과 ㉡의 합을 구하시오.

5−㉠=5

8−6=㉡

( )



**10** 세 수를 이용하여 덧셈식을 쓰시오.

7 5 2

식 □+□=□

# 2주 창의·융합·코딩 전략



**01** 지훈이와 우영이가 화살을 쏘아 과녁 맞히기 놀이를 하였습니다. 지훈이와 우영이가 다음과 같이 화살을 2개씩 맞혔을 때 누가 몇 점 더 높은지 차례로 쓰시오.

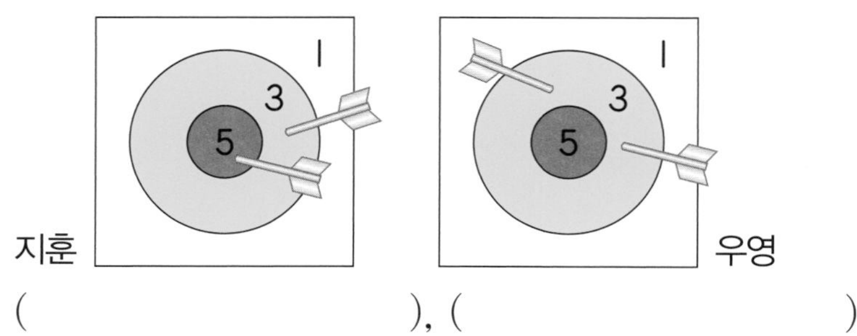


( ), ( )

**Tip ①**
지훈이는 5와 3을 맞혔습니다.
지훈이의 점수는 5와 □의 합인 □점입니다.

**02** 모양과 크기가 같은 신발끼리 계산 결과가 같아야 합니다. 계산 결과가 같지 않은 것을 찾아 ×표 하시오.

(1) 2+5 7−0 ( )

(2) 8−4 6−2 ( )

(3) 9−5 3+2 ( )

**Tip ②**
2+5는 □과 같습니다.
7+0는 □과 같습니다.

Tip ① 3, 8 ② 7, 7

**03** 화살표 방향으로 움직일 때 다음과 같은 규칙을 가지고 있습니다. 규칙에 맞게 빈 곳에 알맞은 수를 써넣으시오.

규칙

➡: 3을 뺍니다.  ⬅: 1을 더합니다.
⬇: 4를 더합니다.  ⬆: 2를 뺍니다.

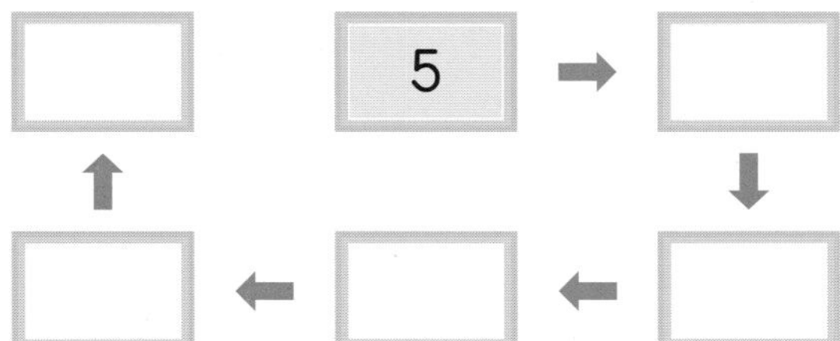


**Tip ③**
5 다음 칸에는 5에서 □을 뺀 수인 □를 씁니다.

**04** 뺄셈식을 보고 나뭇잎에 가려진 수가 써 있는 나비를 찾아 ○표 하시오.

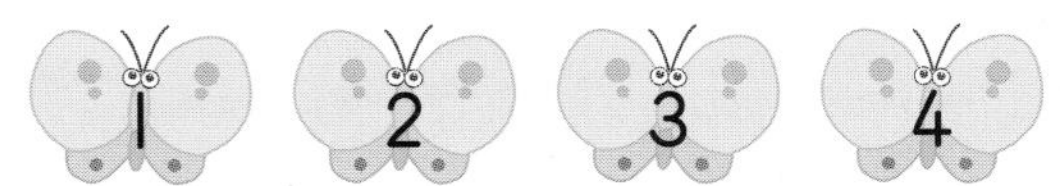


**Tip ④**
6은 1과 5, 2와 □, 3과 3, 4와 □, 5와 1로 가르기 할 수 있습니다.

Tip ③ 3, 2 ④ 4, 2

2주

**05** ○ 안에 있는 두 수의 합은 ㉠, □ 안에 있는 두 수의 합은 ㉡입니다. ㉠과 ㉡의 차를 구하시오.

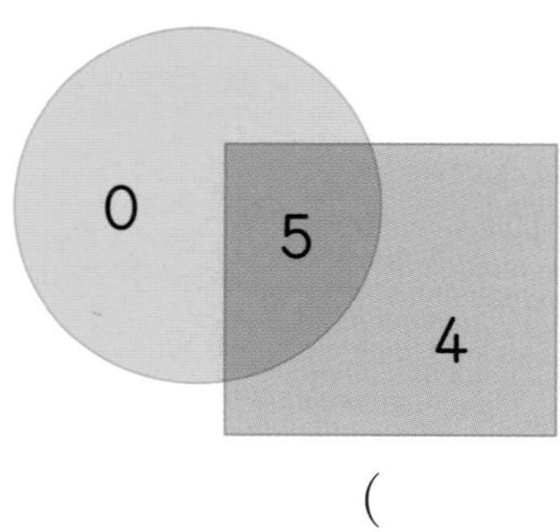


(　　　　　　　　　)

**Tip ⑤**
○ 안에 있는 수는 0과 □입니다. □ 안에 있는 수는 5와 □입니다.

**06** 1부터 5까지의 수 카드가 2장씩 있습니다. 나은이가 고른 수 카드에 적힌 두 수를 쓰시오.

1　2　3　4　5

내가 고른 두 수의 합은 4이고 두 수의 차는 2입니다.

나은

(　　　　　　　　　)

**Tip ⑥**
합이 4인 두 수는
1과 □, 2와 □입니다.

Tip ⑤ 5, 4 ⑥ 3, 2

**07** 9를 입력했을 때 출력되어 나오는 수를 구하시오.

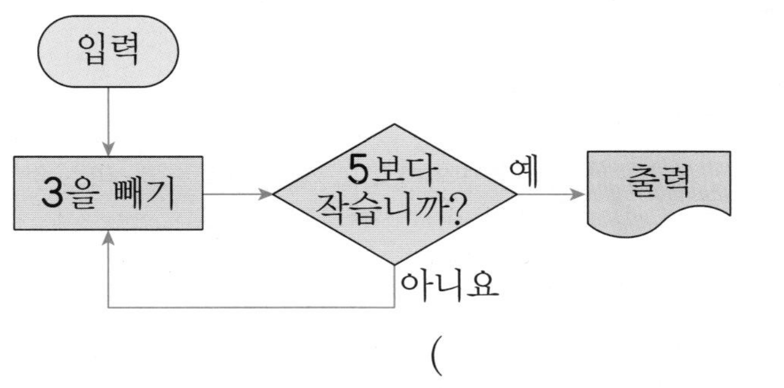


(　　　　　　　　　　)

**Tip ⑦**

9에서 3을 빼면 □입니다.

6은 5보다 □니다.

2주

**08** 저울이 식의 계산 결과가 더 큰 쪽으로 기울어집니다. 0부터 7까지의 수 중에서 □ 안에 들어갈 수 있는 가장 큰 수를 구하시오.

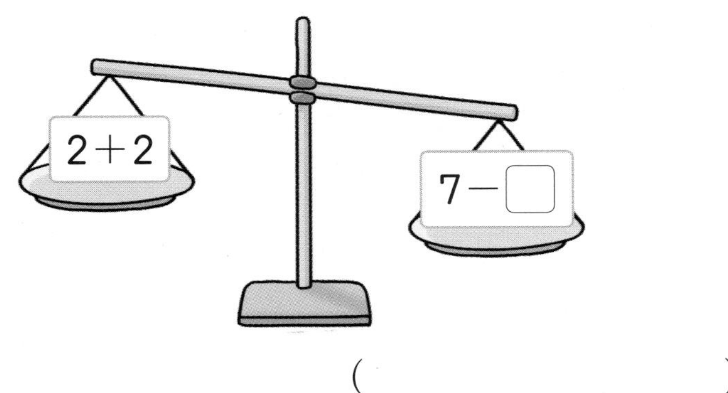


(　　　　　　　　　　)

**Tip ⑧**

2+2는 □입니다.

따라서 7−□는 □보다 큽니다.

Tip ⑦ 6, 큽 ⑧ 4, 4

# 1,2주 마무리 전략

## 핵심 한눈에 보기

개 2마리와
6마리는 모두
몇 마리일까?
?
2와 6을
모으기 하면 개는
모두 8마리야.
개 8마리 중에
3마리만 남았어.
몇 마리가 집에
간 것일까?
?
?
8을
가르기 해서
알아보자.
8을
3과 5로 가르기
해 볼까?
응. 그러면
개 8마리 중
5마리가 집으로
돌아갔네!

# 신유형·신경향·서술형 전략

**01** 보기 와 같은 규칙으로 3개의 수 중 1개를 가운데에 썼습니다. 색깔에 따라 어떤 규칙이 있는지 알아보고 빈 곳에 알맞은 수를 써넣으시오.

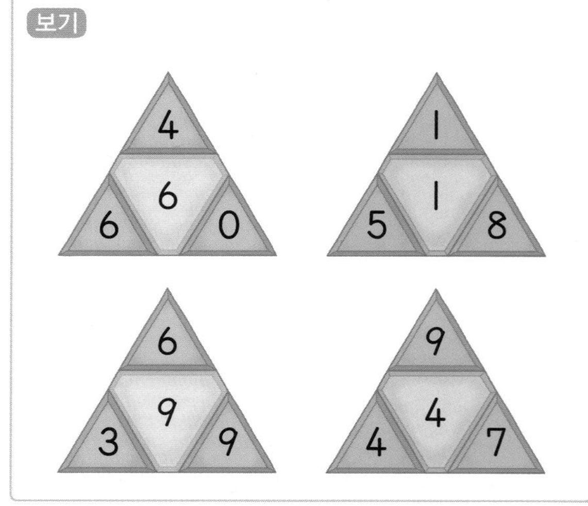

9
6
5

**Tip ①**

초록색 모양은 3개의 수 중 가장 □ 수를 가운데에 씁니다.

파란색 모양은 3개의 수 중 가장 □ 수를 가운데에 씁니다.

답 Tip ① 큰, 작은

**02** 지훈이가 나무에 열린 사과의 수를 설명하고 있습니다. □ 안에 알맞은 수를 써넣으시오.

4보다 □만큼 더 큰 수예요.

또 □보다 1만큼 더 작은 수이기도 합니다.

지훈

**Tip ②**

사과는 하나, 둘, 셋, 넷, 다섯이므로 □개입니다. 지훈이는 □를 설명하고 있습니다.

답 Tip ② 5, 5

**03** 사과 8개와 오렌지 4개를 넣어 주스를 만들려고 합니다. 사과와 오렌지를 각각 몇 개씩 더 준비해야 하는지 알아보시오.

 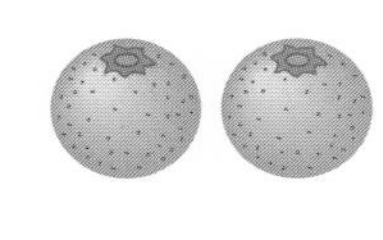

(1) 사과와 오렌지는 각각 몇 개입니까?

사과 (　　　　　　　)

오렌지 (　　　　　　　)

(2) 주스를 만들려면 사과를 몇 개 더 준비해야 하는지 구하시오.

(　　　　　　　)

(3) 주스를 만들려면 오렌지를 몇 개 더 준비해야 하는지 구하시오.

(　　　　　　　)

Tip ③
사과의 수는 □보다 작고 오렌지의 수는 □보다 작으므로 주스를 만들려면 사과와 오렌지를 더 준비해야 합니다.

답 Tip ③ 8, 4

**04** 볼링 핀 7개를 세워 두고 볼링 핀을 더 많이 쓰러뜨린 사람이 이기는 게임을 합니다. 볼링 핀을 새미는 5개, 초아는 새미보다 1개 더 쓰러뜨렸습니다. 지민이가 초아를 이기려면 볼링 핀을 몇 개 쓰러뜨려야 하는지 구하시오.

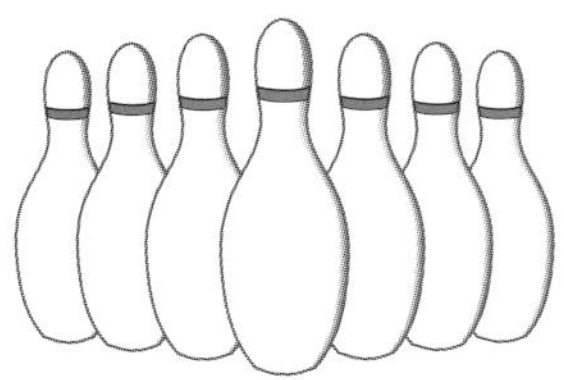

(1) 초아가 쓰러뜨린 볼링 핀은 몇 개입니까?

(　　　　　　　)

(2) 지민이가 초아를 이기려면 쓰러뜨려야 하는 볼링 핀의 수를 구하시오.

볼링 핀을 □개보다 더 많이 쓰러뜨려야 합니다.
⇨ 볼링 핀 7개 중에 □개를 쓰러뜨려야 합니다.

Tip ④
볼링 핀 □개 중에 새미는 5개, 초아는 □개를 쓰러뜨렸습니다.

답 Tip ④ 7, 6

# 신유형·신경향·서술형 전략

**05** 혜리, 정우, 민준이가 수 카드를 한 장씩 뽑았더니 다음과 같았습니다. 혜리와 정우가 뽑은 두 수의 합은 9이고 혜리와 민준이가 뽑은 두 수의 차는 1이었습니다. 혜리가 뽑은 수를 알아보시오.

5 3 6

(1) 합이 9가 되도록 빈칸에 수를 써넣으시오.

5+□ 3+□ 6+□

(2) 수 카드 중 차가 1인 두 수를 쓰시오.

( )

(3) 혜리가 뽑은 수를 쓰시오.

( )

Tip 5

혜리와 정우가 뽑은 두 수의 합은 □이므로 혜리와 정우가 뽑은 두 수는 3과 □입니다.

**06** 두 주머니의 값이 같아지도록 ○ 안에 +, −를 써넣으려고 합니다. 물음에 답하시오.

(1) 빨간색 주머니의 값이 될 수 있는 수를 모두 쓰시오.

( )

(2) 파란색 주머니의 값이 될 수 있는 수를 모두 쓰시오.

( )

(3) 두 주머니의 값이 같아지도록 ○ 안에 +, −를 알맞게 써넣으시오.

Tip 6

6−2=□이고 6+2=□입니다.

답 Tip 5 9, 6

답 Tip 6 4, 8

**07** 수를 넣으면 항상 어떤 수만큼 더 작은 수가 나오는 요술 상자가 있습니다. 빈 곳에 알맞은 수를 써넣으시오.

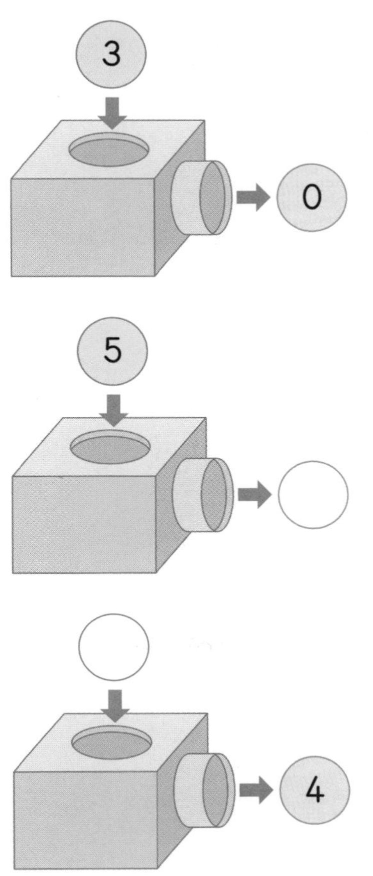


Tip ⑦
요술 상자에 3을 넣었더니 ☐이 나왔습니다.
요술 상자에 수를 넣으면 항상 ☐만큼 더 작은 수가 나옵니다.

**08** 벌이 보기와 같이 규칙에 따라 날고 있습니다. 물음에 답하시오.

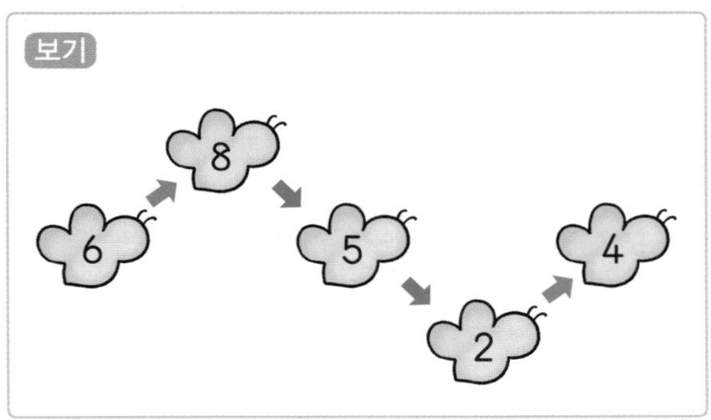


(1) 규칙을 찾아 ☐ 안에 알맞은 말을 써넣으시오.

벌이 올라갈 때 ☐를 더합니다.

벌이 내려갈 때 ☐을 뺍니다.

(2) 규칙에 따라 빈 곳에 알맞은 수를 써넣으시오.

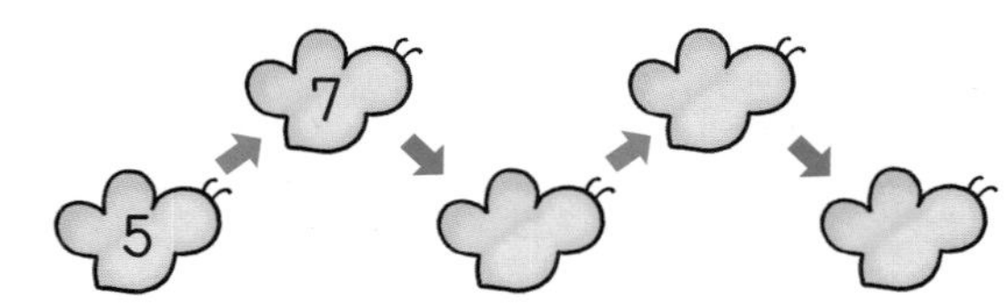


Tip ⑧
7－3＝☐이므로 7 다음으로 알맞은 수는 ☐입니다.

답 Tip ⑦ 0, 3

답 Tip ⑧ 4, 4

# 고난도 해결 전략 1회

01 8만큼 그림을 묶고 묶지 않은 그림의 수를 세어 두 가지 방법으로 읽으시오.

( ), ( )

02 다른 수를 나타내는 것을 찾아 기호를 쓰시오.

㉠ 일곱
㉡ 8보다 1만큼 더 작은 수
㉢ 5와 7 사이의 수

( )

03 새나가 집에 있는 딸기를 모두 먹었습니다. 남은 딸기는 몇 개입니까?

( )

04 다음을 만족하는 수는 모두 몇 개입니까?

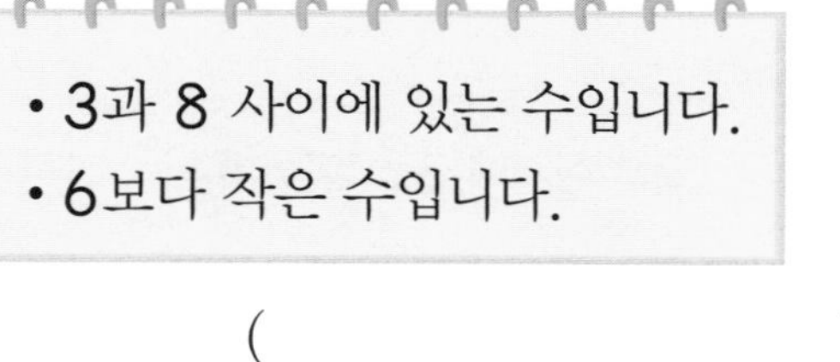

• 3과 8 사이에 있는 수입니다.
• 6보다 작은 수입니다.

( )

**05** 냉장고에 복숭아가 4개, 사과가 6개 있습니다. 배는 복숭아보다 많고 사과보다 적다면 배는 몇 개입니까?

( )

**06** 장난감 로봇을 진수는 4개, 윤지가 2개, 진석이가 6개 가지고 있습니다. 장난감 로봇을 가장 적게 가지고 있는 사람은 누구입니까?

( )

**07** 건우가 줄을 서 있습니다. 건우의 순서를 나타내는 말을 □ 안에 써넣으시오.

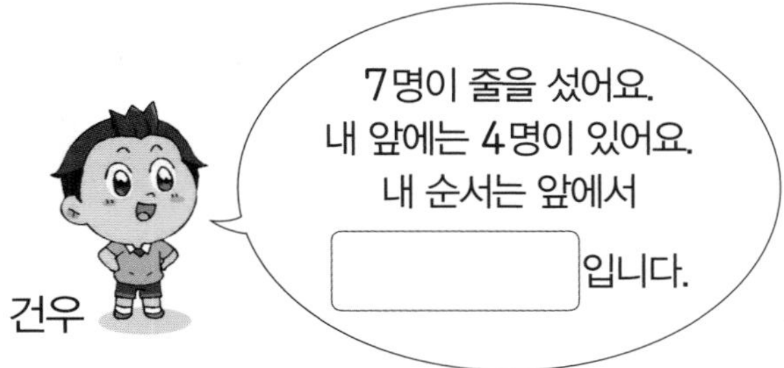


**08** 수 카드를 수의 순서대로 늘어놓을 때 6은 왼쪽에서 몇째인지 쓰시오.

0 8 2 6

( )

**09** 준서가 가진 딱지의 수는 6보다 1만큼 더 작습니다. 동생이 가진 딱지의 수는 준서가 가진 딱지의 수보다 1만큼 더 작다면 동생이 가지고 있는 딱지는 몇 개입니까?

( )

**10** 0부터 9까지의 수 중에서 나무의 수보다 큰 수를 모두 쓰시오.

( )

**11** 다음은 규진이가 하루에 읽은 책의 쪽수를 기록한 것입니다. 둘째로 책을 많이 읽은 날은 무슨 요일인지 쓰시오.

| 월요일 | 화요일 | 수요일 | 목요일 | 금요일 |
|---|---|---|---|---|
| 5쪽 | 9쪽 | 0쪽 | 3쪽 | 7쪽 |

( )

**12** 5명의 어린이가 줄을 서 있습니다. 혜린이는 앞에서 넷째이고 재우는 혜린이 바로 뒤에 서 있습니다. □ 안에 알맞은 말을 써넣으시오.

재우의 순서는 뒤에서 □입니다.

**13** 4보다 크고 9보다 작은 수는 모두 몇 개인지 구하시오.

| 7 | 4 | 0 |
|---|---|---|
| 5 | 9 | 2 |

(　　　　　　　　)

**14** 버스를 타기 위해 사람들이 줄을 서 있습니다. 지영이는 앞에서 넷째이고 현수는 뒤에서 첫째입니다. 지영이와 현수 사이에 2명이 서 있을 때 줄을 서 있는 사람은 모두 몇 명입니까?

(　　　　　　　　)

**15** 민지와 정아가 더 작은 수가 적힌 카드를 낸 사람이 이기는 게임을 하고 있습니다. 두 사람이 각자 가지고 있는 수 카드 중 가장 작은 수가 적혀 있는 카드를 냈다면 누가 이겼는지 쓰시오.

민지 3 5 0

정아 8 1 6

(　　　　　　　　)

**16** 마법 항아리에 금화를 넣으면 규칙에 따라 금화가 나옵니다. 다음 중 규칙이 다른 하나를 찾아 기호를 쓰시오.

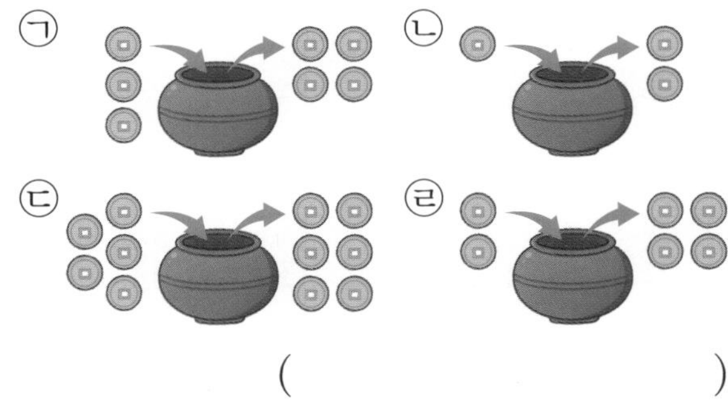


(　　　　　　　　)

# 고난도 해결 전략 2회



**01** 수 카드 중에서 가장 큰 수와 가장 작은 수의 차를 구하시오.

(                    )

**02** 가르기 하여 ㉠을 구하시오.

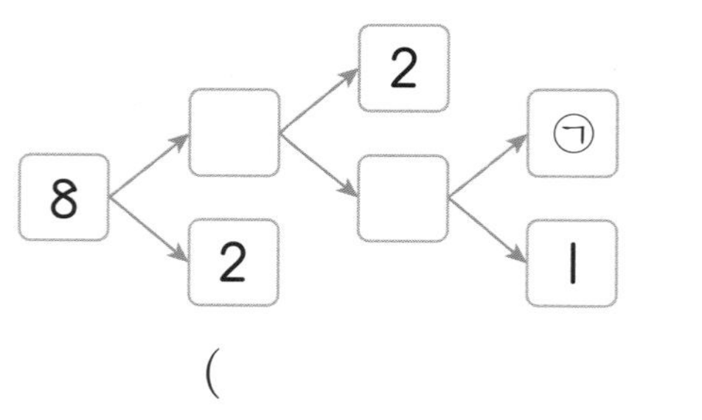


(                    )

**03** ㉠과 ㉡의 합을 구하시오.

- ㉠은 4보다 1만큼 더 큰 수입니다.
- ㉡은 5보다 2만큼 더 작은 수입니다.

(                    )

**04** 계산 결과가 가장 작은 것부터 순서대로 기호를 쓰시오.

| | |
|---|---|
| ㉠ 3+2 | ㉡ 6−3 |
| ㉢ 9−7 | ㉣ 2+4 |

(                    )

**05** 계산 결과가 3＋3보다 큰 것을 모두 찾아 색칠하시오.

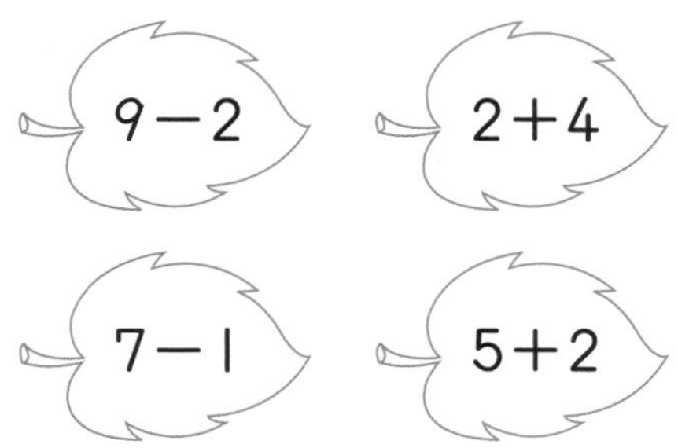


**06** 수 카드를 한 번씩 사용하여 합이 가장 작은 덧셈식을 쓰시오.

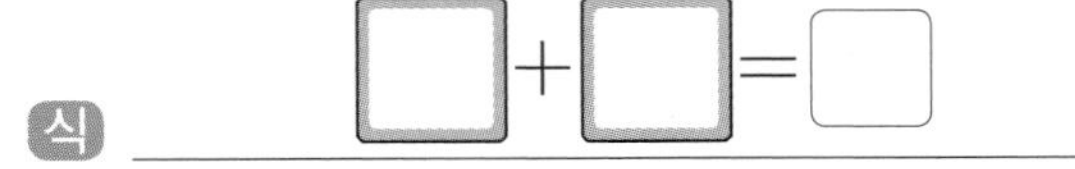

식 ______________________

**07** 두 수를 골라 두 수의 합이 7인 덧셈식을 만드시오.

| 4 | 1 | 3 | 2 |
|---|---|---|---|

식 ______________________

**08** 건우네 모둠 학생은 모두 몇 명입니까?

(　　　　　　　)

**09** □ 안에 ＋, －를 알맞게 써넣으시오.

(1) 2 □ 2＝4

(2) 9 □ 2＝7

**10** 꽃밭에 장미 7송이, 해바라기 2송이, 카네이션 3송이가 있습니다. 꽃밭에 가장 많이 있는 꽃은 가장 적게 있는 꽃보다 몇 송이 더 많은지 쓰시오.

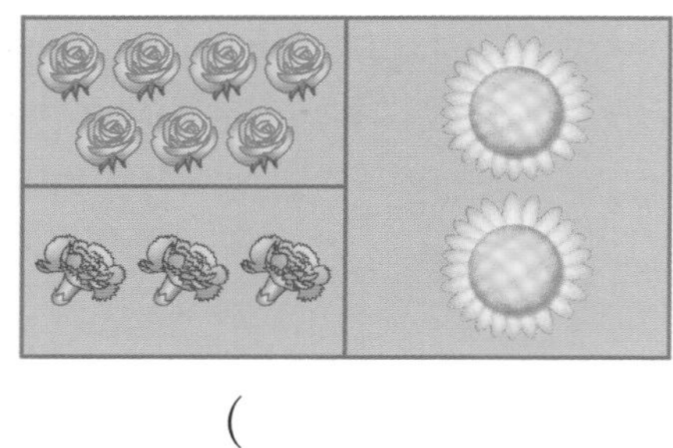

(　　　　　　　　)

**11** 마트에서 사과주스는 7개 중에 4개 팔렸고, 귤주스는 9개 중에 8개 팔렸습니다. 더 많이 남은 주스는 무엇입니까?

(　　　　　　　　)주스

**12** 승우와 지성이가 사탕 7개를 나누어 가지는 방법은 모두 몇 가지인지 쓰시오. (단, 두 사람은 사탕을 1개씩은 가집니다.)

(　　　　　　　　)

**13** 상민이는 오늘 사탕을 아침에 1개, 저녁에 3개 먹었습니다. 경수는 오늘 사탕을 아침에 3개, 저녁에 2개 먹었습니다. 오늘 사탕을 더 많이 먹은 사람은 누구입니까?

( )

**14** 막대 과자 9개가 있습니다. 막대 과자를 지훈이는 3개를 먹었고 은형이는 지훈이보다 2개 더 먹었습니다. 막대 과자는 몇 개 남았습니까?

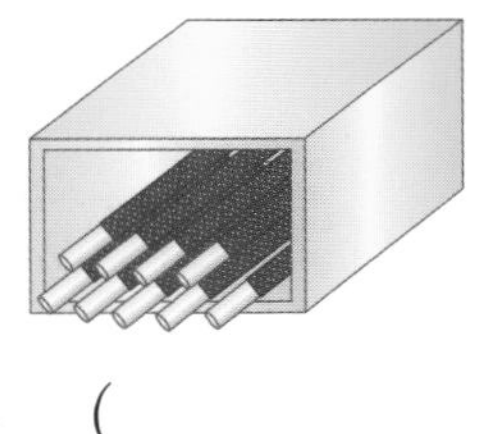

( )

**15** 재성이는 딸기를 1개, 귤을 2개 먹었습니다. 준호는 딸기를 5개, 귤을 2개 먹었습니다. 딸기와 귤 중 두 사람이 더 많이 먹은 것은 무엇입니까?

( )

**16** 색종이를 9조각으로 나누어 준서는 3조각, 수민이는 2조각을 가지고 남은 조각은 진우가 모두 가졌습니다. 진우는 몇 조각을 가졌습니까?

( )

memo

BOOK 2

여러 가지 모양

비교하기

50까지의 수

초등 **수학**

1·1

# 이 책의 구성과 특징

## 2주 완성

### 도입 만화

이번 주에 배울 내용의 핵심을 만화 또는 삽화로 제시하였습니다.

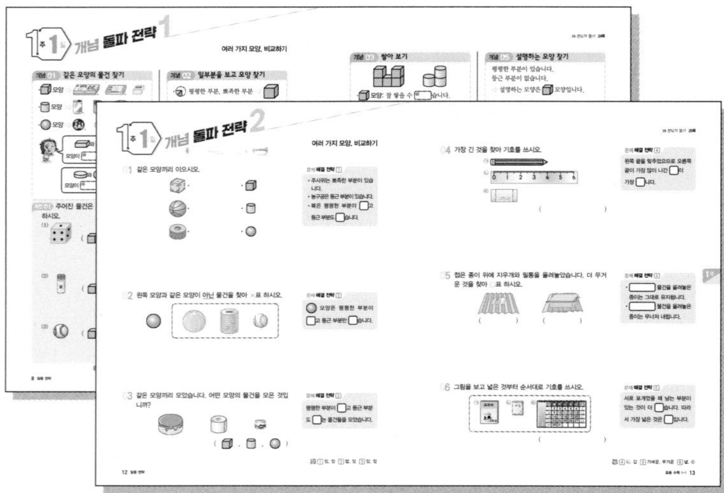


### 개념 돌파 전략 1, 2

개념 돌파 전략1에서는 단원별로 개념을 설명하고 개념의 원리를 확인하는 문제를 제시하였습니다.
개념 돌파 전략2에서는 개념을 알고 있는지 문제로 확인할 수 있습니다.

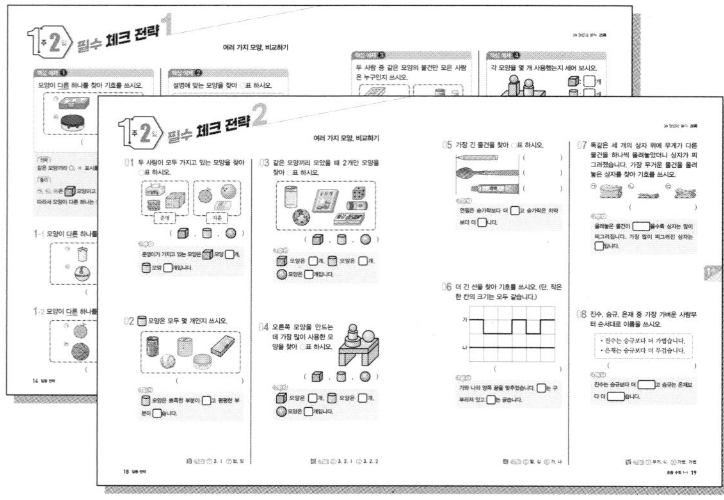


### 필수 체크 전략 1, 2

필수 체크 전략1에서는 단원별로 나오는 중요한 유형을 반복 연습할 수 있도록 하였습니다.
필수 체크 전략2에서는 추가적으로 나오는 다른 유형을 문제로 확인할 수 있도록 하였습니다.

1주에 3일 구성 + 1일에 6쪽 구성

**부록** 꼭 알아야 하는 대표 유형집

부록을 뜯으면 미니북으로 활용할 수 있습니다. 대표 유형을 확실하게 익혀 보세요.

## 주 마무리 평가

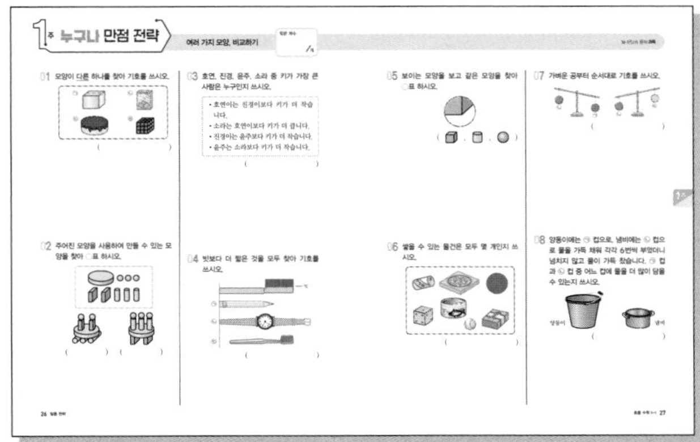

### 누구나 만점 전략

누구나 만점 전략에서는 주별로 꼭 기억해야 하는 문제를 제시하여 누구나 만점을 받을 수 있도록 하였습니다.

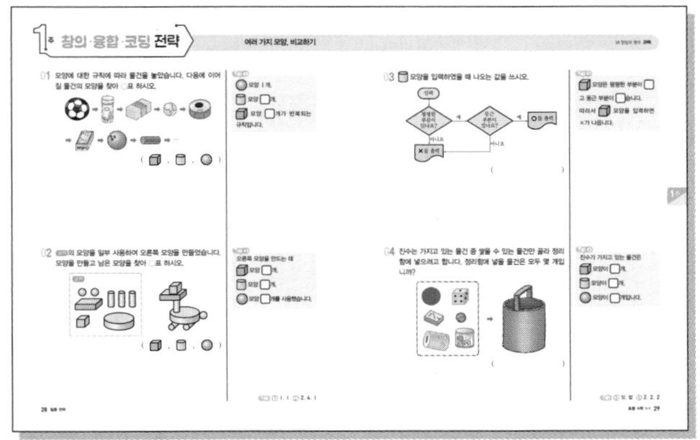

### 창의·융합·코딩 전략

창의·융합·코딩 전략에서는 새 교육과정에서 제시하는 창의, 융합, 코딩 문제를 쉽게 접근할 수 있도록 하였습니다.

## 마무리 코너

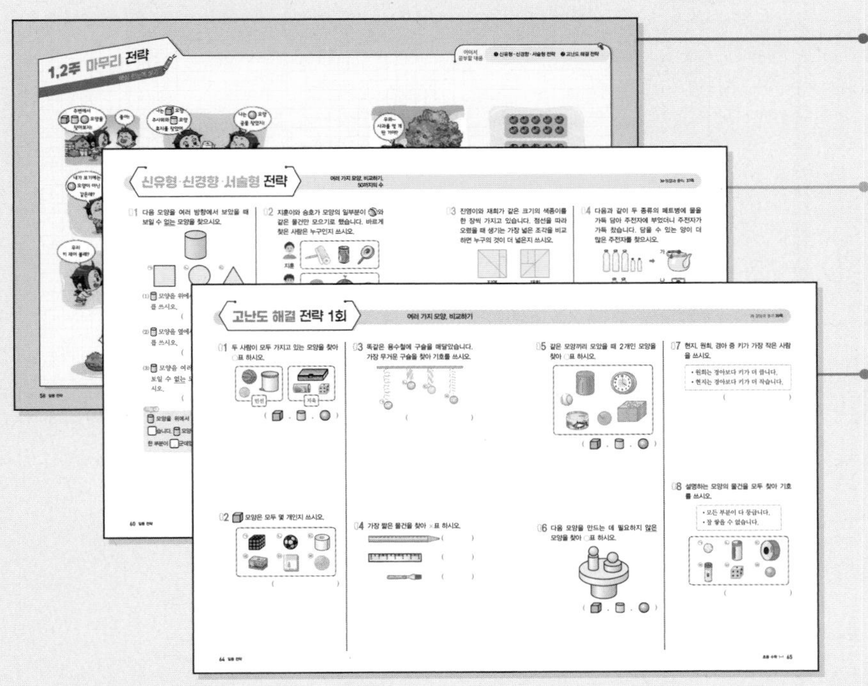

### 1, 2주 마무리 전략

마무리 전략은 이미지로 정리하여 마무리할 수 있게 하였습니다.

### 신유형·신경향·서술형 전략

신유형·신경향·서술형 전략은 새로운 유형도 연습하고 서술형 문제에 대한 적응력도 올릴 수 있습니다.

### 고난도 해결 전략 1회, 2회

실제 시험에 대비하여 연습하도록 고난도 실전 문제를 2회로 구성하였습니다.

# 이 책의 차례

BOOK 2

1주에 3일 구성 + 1일에 6쪽 구성

# 1주 여러 가지 모양, 비교하기

**공부할 내용**

1. 모양 알아보기
2. 모양 알아보기
3. 모양 알아보기
4. 길이, 높이, 키 비교하기
5. 무게 비교하기
6. 넓이 비교하기
7. 담을 수 있는 양 비교하기

# 1주 1일 개념 돌파 전략 1

여러 가지 모양, 비교하기

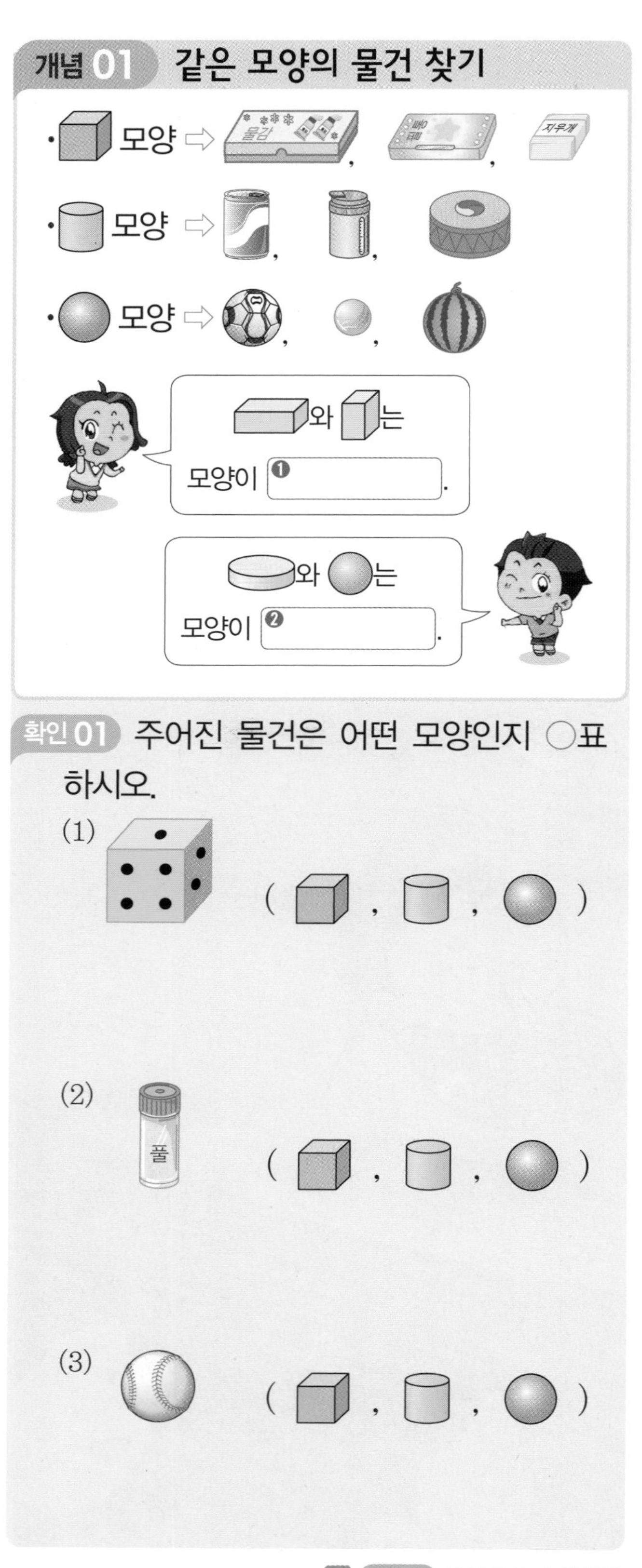


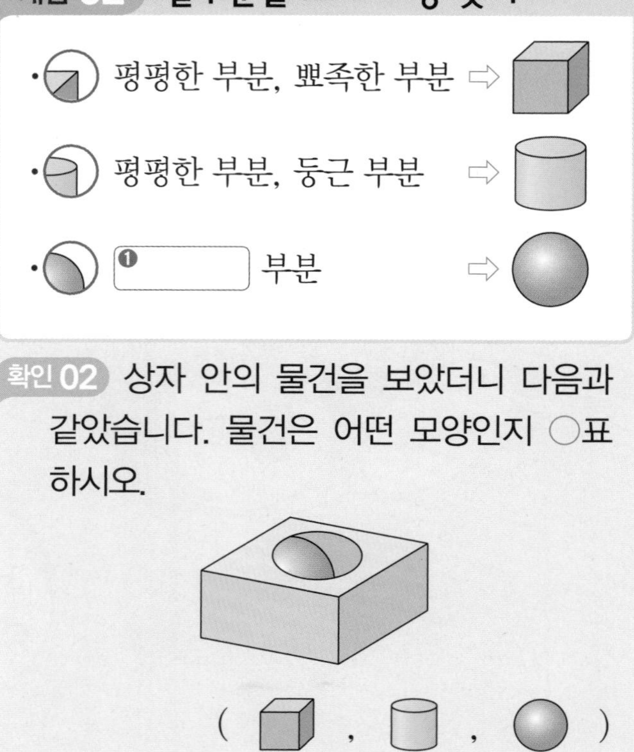

답 개념 01 ❶ 같아요 ❷ 달라요

답 개념 02 ❶ 둥근

>> 정답과 풀이 24쪽

## 개념 03 쌓아 보기

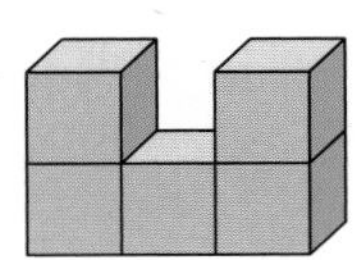
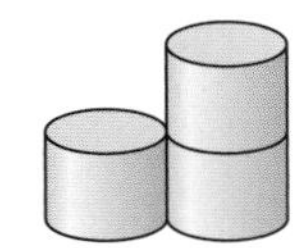

· 모양: 잘 쌓을 수 ❶ ☐습니다.

· 모양: 세우면 잘 쌓을 수 있습니다.

· 모양: 잘 쌓을 수 ❷ ☐습니다.

**확인 03** 쌓을 수 없는 모양을 찾아 ○표 하시오.

( 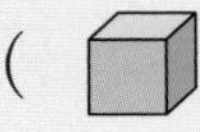 ,  ,  )

## 개념 04 굴려 보기

둥근 부분이 ❶ ☐으면 잘 굴러가요.

· 모양: 잘 굴러가지 않습니다.

· 모양: 눕히면 잘 굴러갑니다.

· 모양: 모든 방향으로 ❷ ☐ 굴러갑니다.

**확인 04** 굴리면 잘 굴러가고 세우면 잘 쌓을 수 있는 모양을 찾아 ○표 하시오.

( 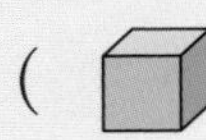 ,  ,   )

## 개념 05 설명하는 모양 찾기

평평한 부분이 있습니다.
둥근 부분이 없습니다.
⇨ 설명하는 모양은 모양입니다.

**확인 05** 둥근 부분만 있는 모양을 찾아 ○표 하시오.

( 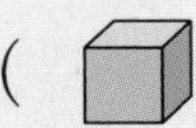  ,  ,  )

1주

## 개념 06 모양을 만드는 데 필요한 모양

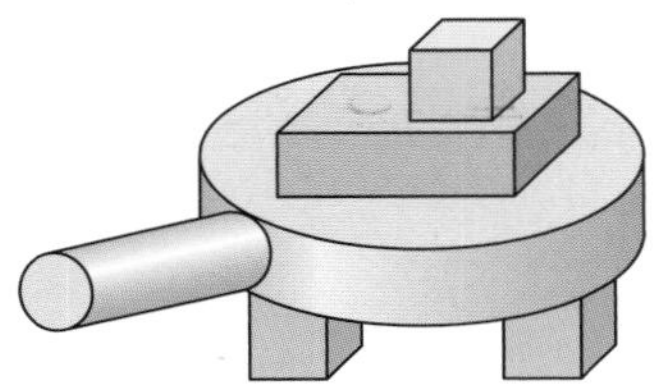

 모양은 4개, 모양은 ❶ ☐개로 만들었습니다.

위 모양을 만드는 데  모양은 필요하지 ❷ ☐습니다.

**확인 06** 개념 06의 모양을 만드는 데 가장 많이 필요한 모양을 찾아 ○표 하시오.

( 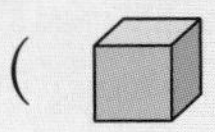 ,  ,  )

답 개념 03 ❶ 있 ❷ 없 개념 04 ❶ 있 ❷ 잘

답 개념 06 ❶ 2 ❷ 않

## 개념 07 양쪽 끝을 맞춘 선의 길이 비교하기

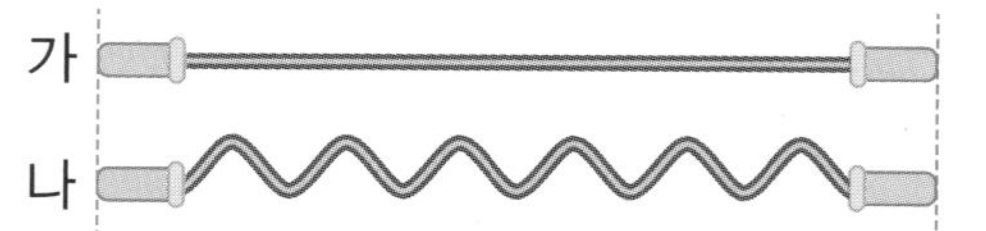


양쪽 끝을 모두 맞추었을 때에는 곧은 줄보다 구부러져 있는 줄이 더 깁니다.
나가 가보다 더 많이 구부러져 있습니다.
⇨ ❶[　　　]가 ❷[　　　]보다 더 깁니다.

양쪽 끝이 맞추어져 있는지 확인해 보세요.

### 확인 07 다음 중 가장 긴 것을 고르시오.

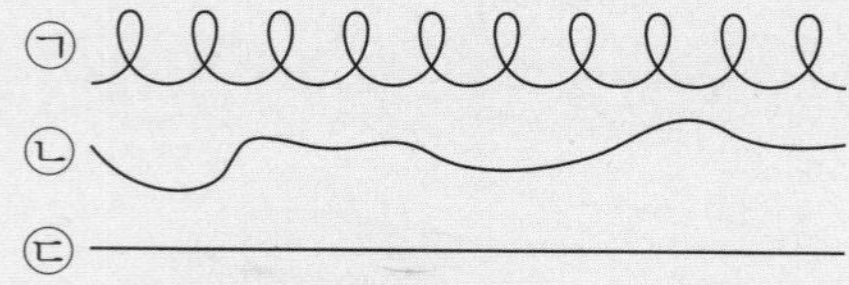


(　　　　　　　　)

## 개념 08 높이 비교하기

㉡이 가장 ❶[　　　]습니다.
㉢이 가장 ❷[　　　]습니다.

### 확인 08 다음 중 가장 높은 것을 고르시오.

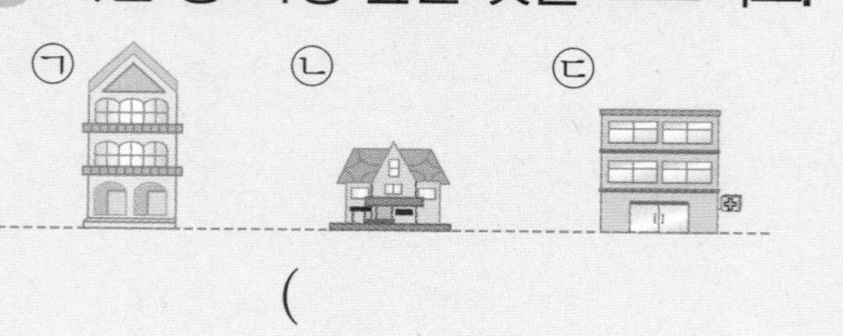


(　　　　　　　　)

답 개념 07 ❶ 나 ❷ 가 개념 08 ❶ 높 ❷ 낮

## 개념 09 시소를 이용하여 무게 비교하기

시소는 더 무거운 쪽이 아래로 내려갑니다.

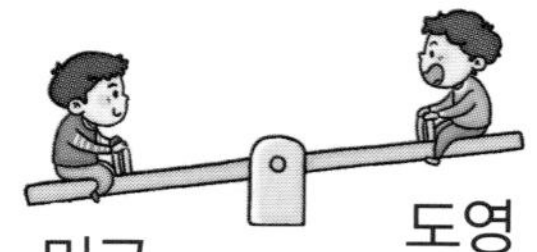

민규는 도영이보다 더 무겁습니다.
성재는 민규보다 더 무겁습니다.
성재가 민규보다 더 무거우므로 성재는 도영이보다 더 ❶[　　　]습니다.
⇨ 성재가 가장 ❷[　　　]습니다.

### 확인 09 가장 무거운 사람은 누구인지 쓰시오.

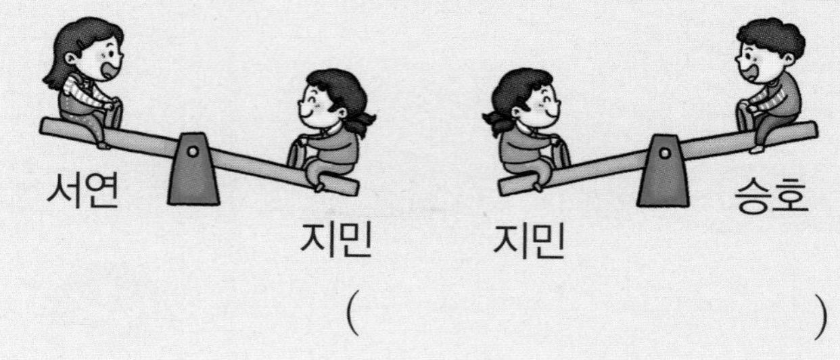


(　　　　　　　　)

양팔저울 또는 시소에서는 내려가는 쪽이 더 무거워요.

답 개념 09 ❶ 무겁 ❷ 무겁

>> 정답과 풀이 24쪽

## 개념 10 넓이 비교하기

한쪽 끝을 맞추어 포개었을 때 남는 부분이 있는 것이 더 넓습니다.

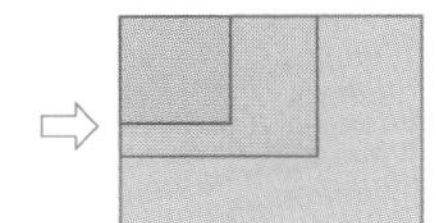


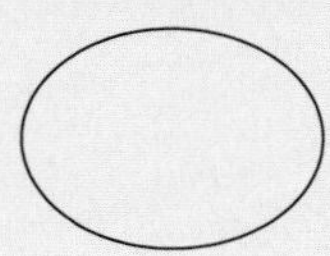

⇨ 가가 가장 ❶[ ]습니다.
다가 가장 ❷[ ]습니다.

**확인 10** 더 넓은 것을 찾아 색칠하시오.

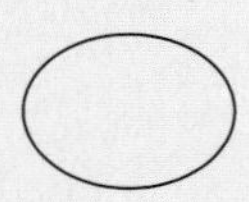

## 개념 11 모눈 칸을 이용하여 넓이 비교하기

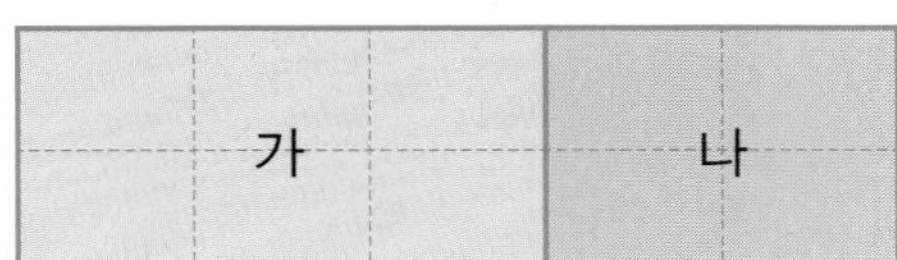


작은 한 칸의 크기는 모두 같으므로 칸의 수가 많을수록 넓이가 더 넓습니다.
작은 한 칸의 수를 세어 보면 가는 6칸, 나는 ❶[ ]칸입니다.

⇨ ❷[ ]가 더 넓습니다.

**확인 11** 가와 나 중 더 넓은 것을 쓰시오.

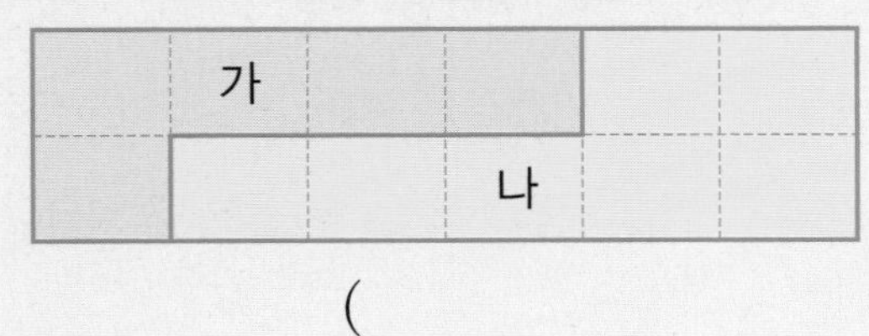


(　　　　　　)

## 개념 12 담을 수 있는 양 비교하기

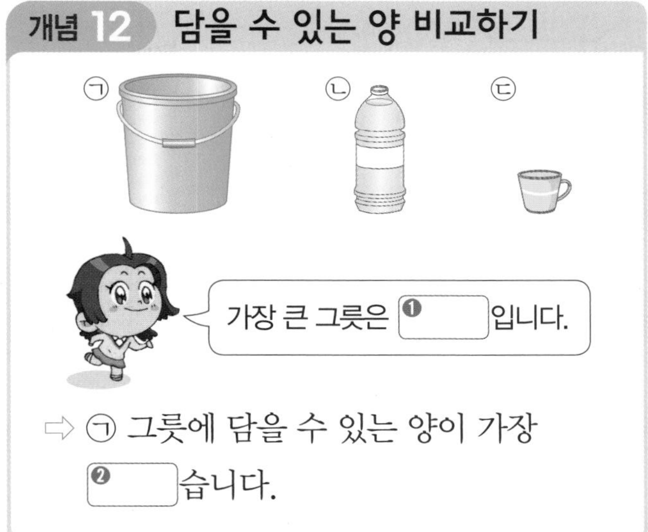


⇨ ㉠ 그릇에 담을 수 있는 양이 가장 ❷[ ]습니다.

**확인 12** 담을 수 있는 양을 비교하시오.

(1) 담을 수 있는 양이 많은 것부터 순서대로 기호를 쓰시오.

(　　　　　　)

(2) 같은 컵으로 주전자에 물 6컵, 물병에 물 8컵을 부었더니 물이 가득 찼습니다. 담을 수 있는 양이 더 많은 것을 찾아 ○표 하시오.

( 주전자 , 물병 )

답 개념 10 ❶ 넓 ❷ 좁 개념 11 ❶ 4 ❷ 가

답 개념 12 ❶ ㉠ ❷ 많

1주

# 1주 1일 개념 돌파 전략 2

## 여러 가지 모양, 비교하기

**01** 같은 모양끼리 이으시오.

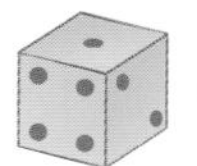 • • 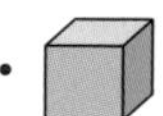

 • • 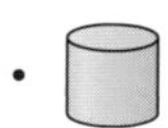

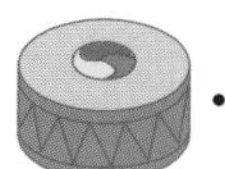 • • 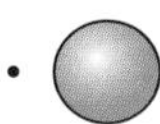

문제 **해결 전략** 1

- 주사위는 뾰족한 부분이 있습니다.
- 농구공은 둥근 부분이 있습니다.
- 북은 평평한 부분이 ☐고 둥근 부분도 ☐습니다.

**02** 왼쪽 모양과 같은 모양이 아닌 물건을 찾아 ×표 하시오.

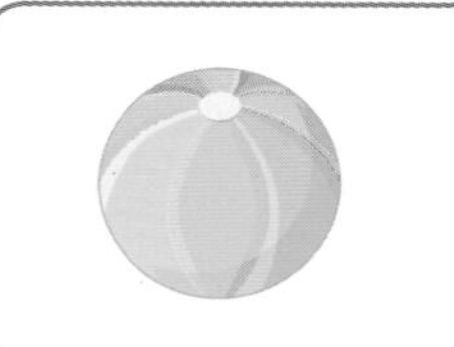 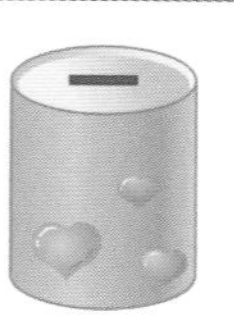 

문제 **해결 전략** 2

 모양은 평평한 부분이 ☐고 둥근 부분만 ☐습니다.

**03** 같은 모양끼리 모았습니다. 어떤 모양의 물건을 모은 것입니까?

( 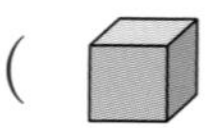 ,  ,  )

문제 **해결 전략** 3

평평한 부분이 ☐고 둥근 부분도 ☐는 물건들을 모았습니다.

답 1 있, 있 2 없, 있 3 있, 있

>> 정답과 풀이 25쪽

**04** 가장 긴 것을 찾아 기호를 쓰시오.

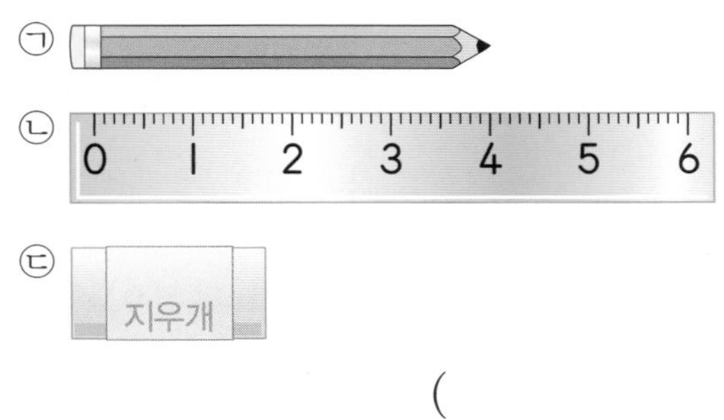


( )

**문제 해결 전략 4**

왼쪽 끝을 맞추었으므로 오른쪽 끝이 가장 많이 나간 ☐이 가장 ☐니다.



**05** 접은 종이 위에 지우개와 필통을 올려놓았습니다. 더 무거운 것을 찾아 ○표 하시오.

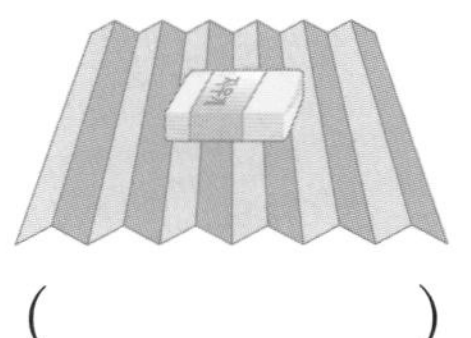
( )

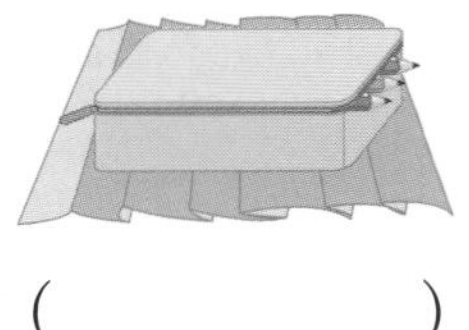
( )

**문제 해결 전략 5**

- ☐ 물건을 올려놓은 종이는 그대로 유지됩니다.
- ☐ 물건을 올려놓은 종이는 무너져 내립니다.

**06** 그림을 보고 넓은 것부터 순서대로 기호를 쓰시오.

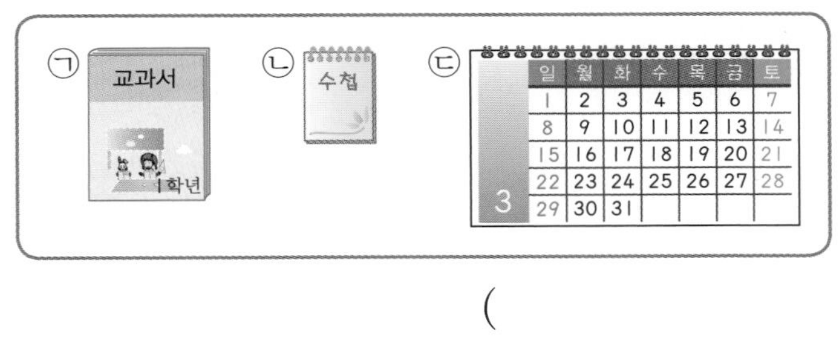


( )

**문제 해결 전략 6**

서로 포개었을 때 남는 부분이 있는 것이 더 ☐습니다. 따라서 가장 넓은 것은 ☐입니다.

답 4 ㉡, 길 5 가벼운, 무거운 6 넓, ㉢

# 필수 체크 전략 1



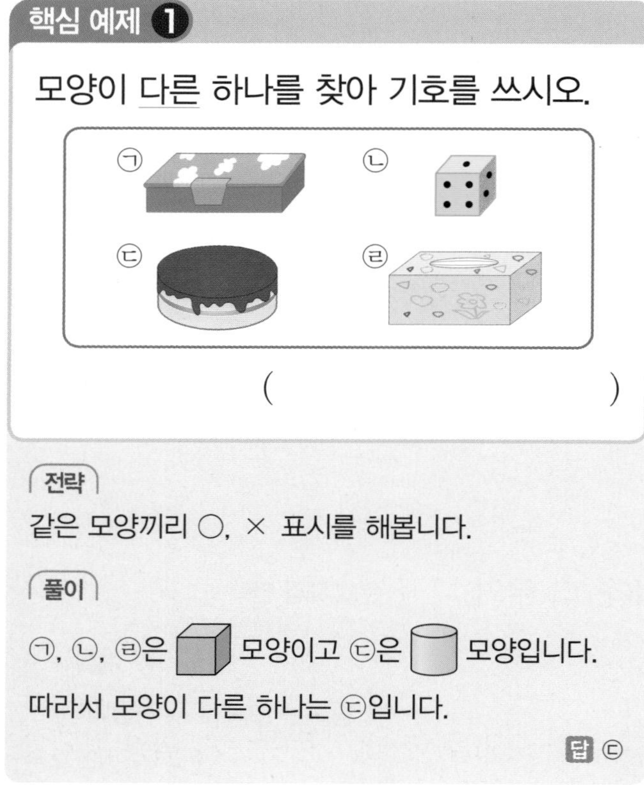

**핵심 예제 1**

모양이 다른 하나를 찾아 기호를 쓰시오.

㉠ ㉡ ㉢ ㉣

(                    )

전략

같은 모양끼리 ○, × 표시를 해봅니다.

풀이

㉠, ㉡, ㉣은 모양이고 ㉢은 모양입니다.

따라서 모양이 다른 하나는 ㉢입니다.

답 ㉢

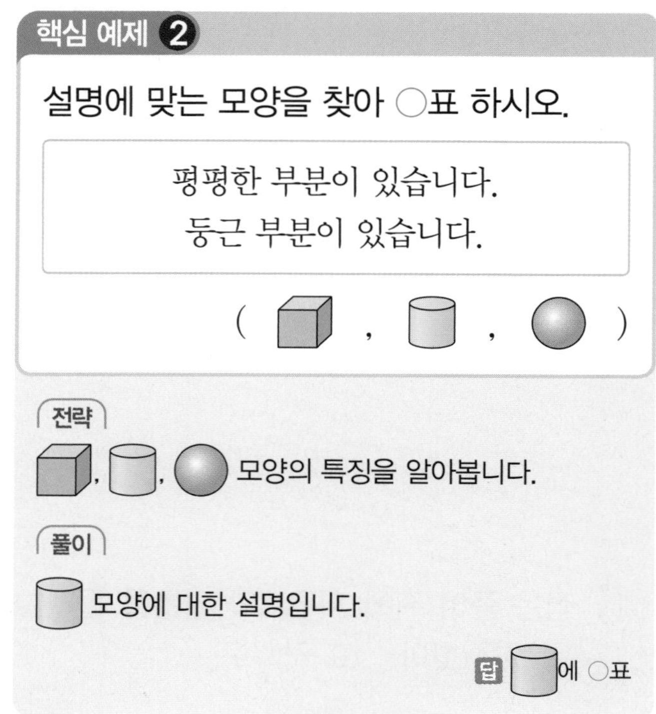

**핵심 예제 2**

설명에 맞는 모양을 찾아 ○표 하시오.

평평한 부분이 있습니다.
둥근 부분이 있습니다.

(  ,  ,  )

전략

, , 모양의 특징을 알아봅니다.

풀이

모양에 대한 설명입니다.

답 에 ○표

**1-1** 모양이 다른 하나를 찾아 기호를 쓰시오.

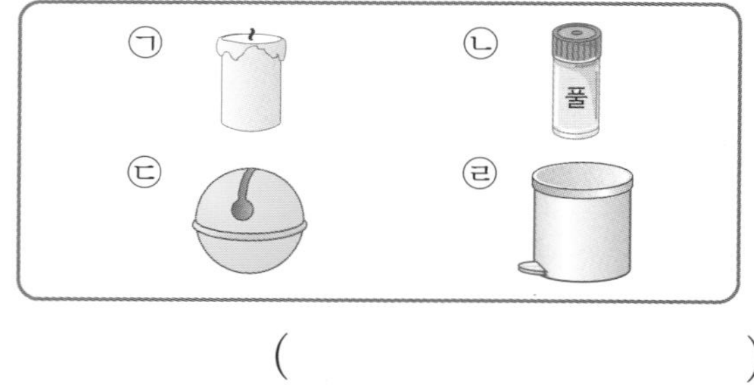


(                    )

**1-2** 모양이 다른 하나를 찾아 기호를 쓰시오.

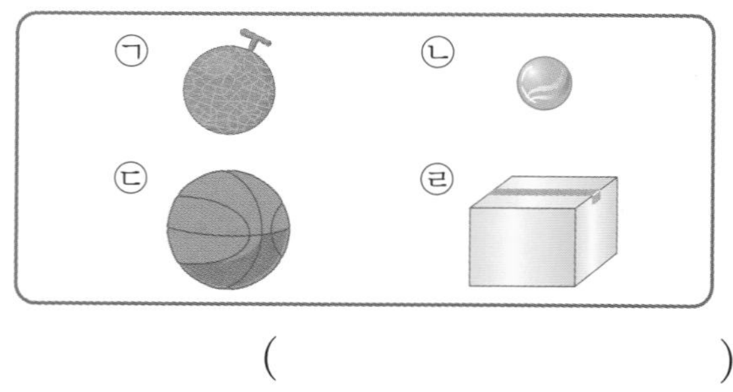


(                    )

**2-1** 설명에 맞는 모양을 찾아 ○표 하시오.

뾰족한 부분이 없습니다.
둥근 부분만 있습니다.

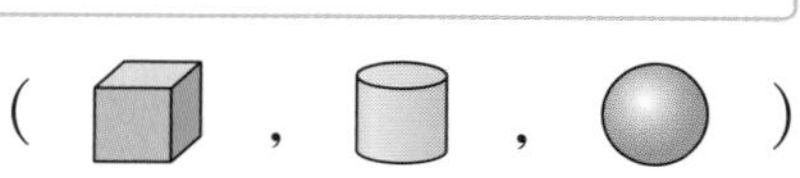

**2-2** 설명에 맞는 모양을 찾아 ○표 하시오.

평평한 부분이 있습니다.
뾰족한 부분이 있습니다.

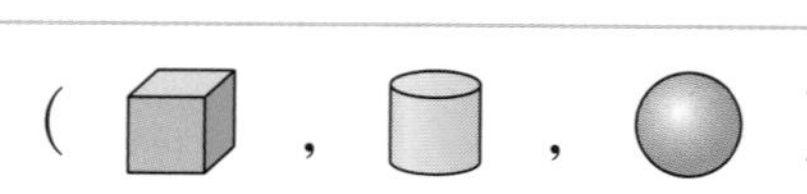

## 핵심 예제 3

두 사람 중 같은 모양의 물건만 모은 사람은 누구인지 쓰시오.

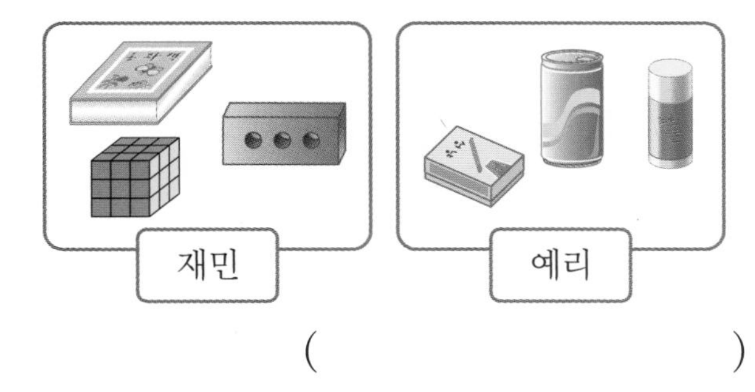


(　　　　　　　　)

**전략**
두 사람이 모은 물건의 모양을 알아봅니다.

**풀이**
재민: 모양 3개
예리: 모양 1개, 모양 2개
따라서 같은 모양의 물건만 모은 사람은 재민이입니다.

답 재민

**3-1** 두 사람 중 같은 모양의 물건만 모은 사람은 누구인지 쓰시오.

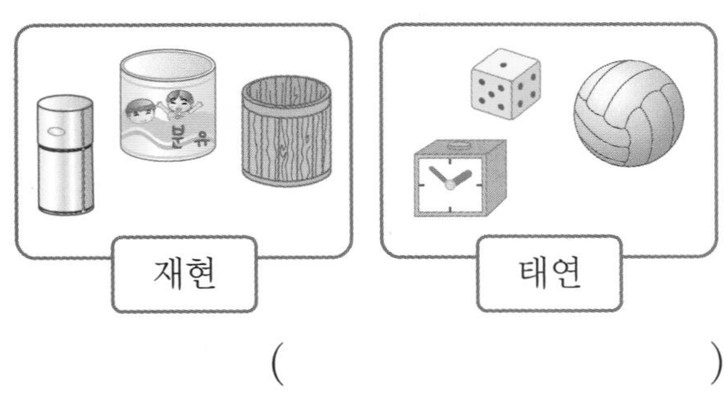


(　　　　　　　　)

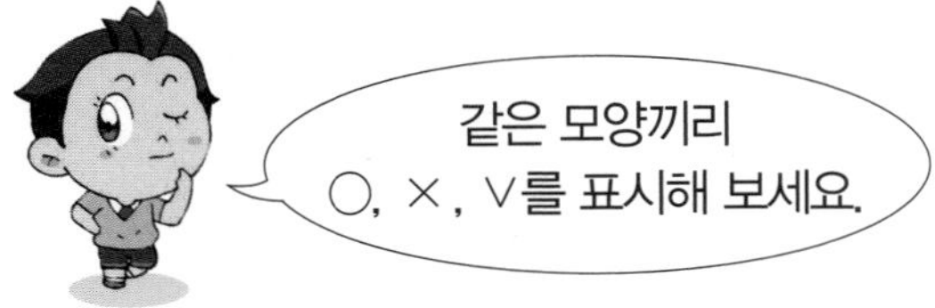


## 핵심 예제 4

각 모양을 몇 개 사용했는지 세어 보시오.

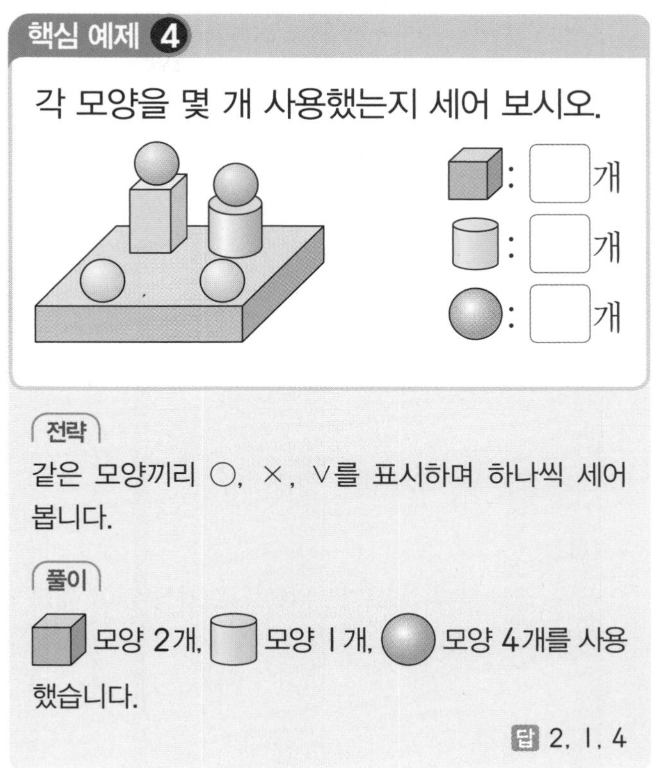


**전략**
같은 모양끼리 ○, ×, ∨를 표시하며 하나씩 세어 봅니다.

**풀이**
모양 2개, 모양 1개, 모양 4개를 사용했습니다.

답 2, 1, 4

**4-1** 각 모양을 몇 개 사용했는지 세어 보시오.

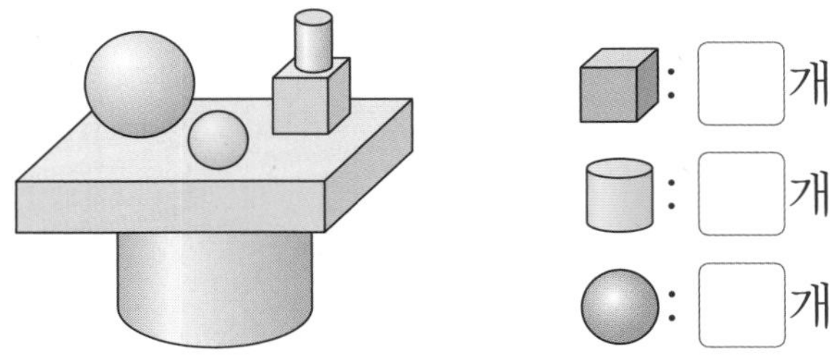


**4-2** 각 모양을 몇 개 사용했는지 세어 보시오.

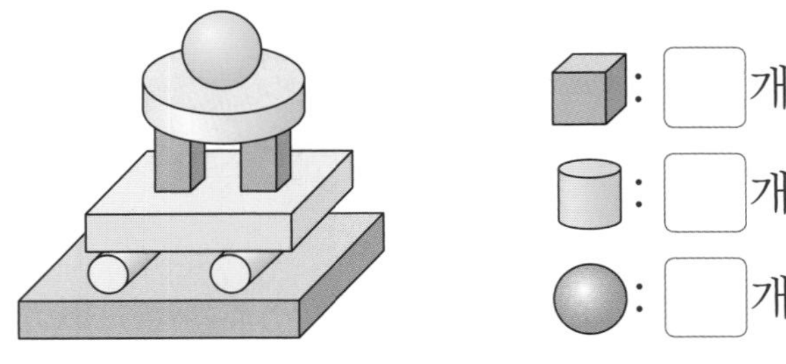

## 핵심 예제 5

길이가 가장 긴 것을 찾아 ○표 하시오.

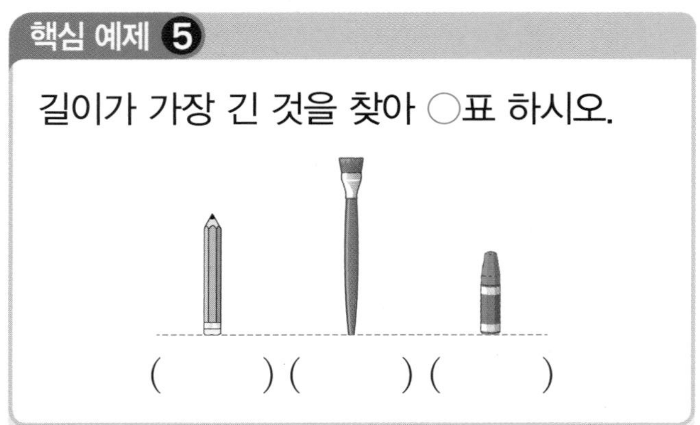

(      ) (      ) (      )

전략
아래쪽 끝을 맞추었음을 확인합니다.

풀이
아래쪽 끝을 맞추었으므로 위쪽으로 가장 많이 올라간 것이 가장 깁니다.

답 (   ) (○) (   )

**5-1** 가장 높은 것을 찾아 ○표 하시오.

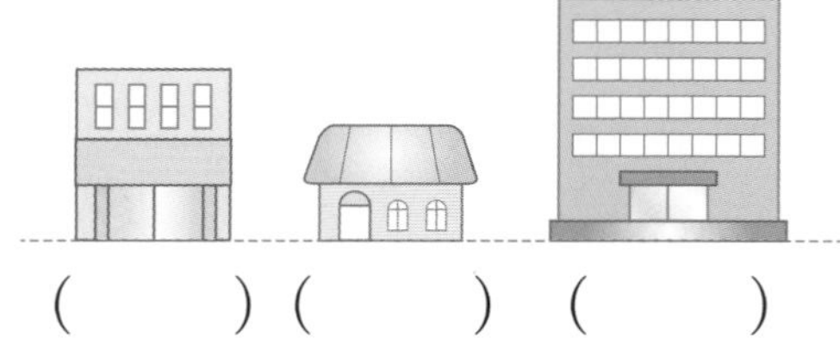

(      ) (      ) (      )

**5-2** 키가 가장 큰 사람을 찾아 ○표 하시오.

(      ) (      ) (      )

## 핵심 예제 6

풀보다 더 긴 것을 찾아 기호를 쓰시오.

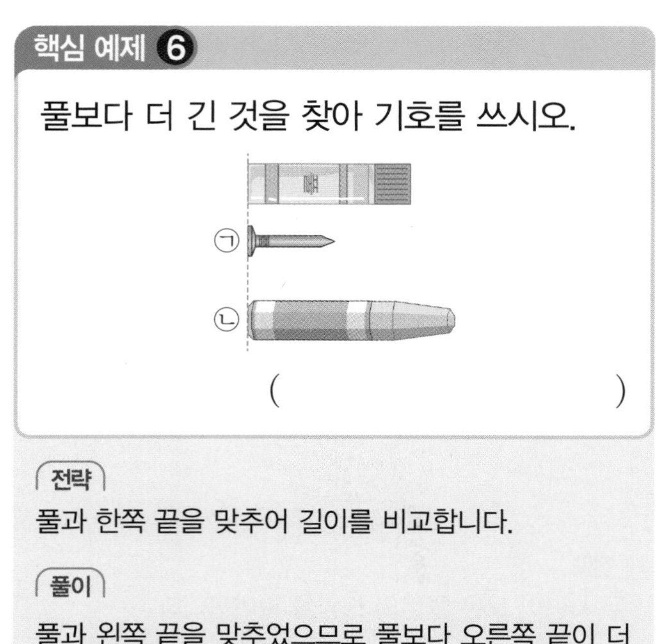

(      )

전략
풀과 한쪽 끝을 맞추어 길이를 비교합니다.

풀이
풀과 왼쪽 끝을 맞추었으므로 풀보다 오른쪽 끝이 더 많이 나간 것을 찾습니다.

답 ㄴ

**6-1** 성냥개비보다 더 긴 것을 찾아 기호를 쓰시오.

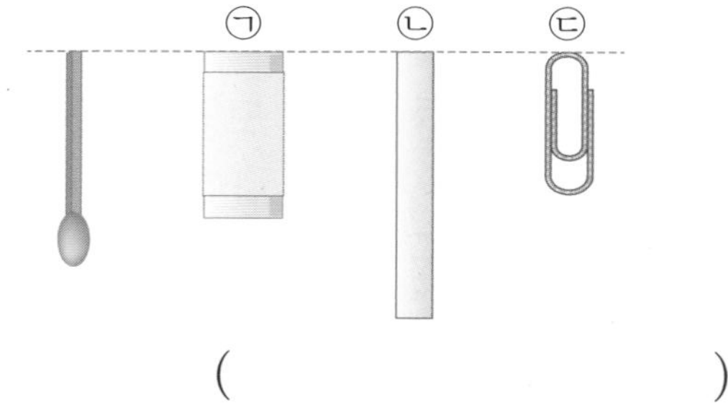


(      )

**6-2** 오이보다 더 짧은 것을 모두 찾아 기호를 쓰시오.

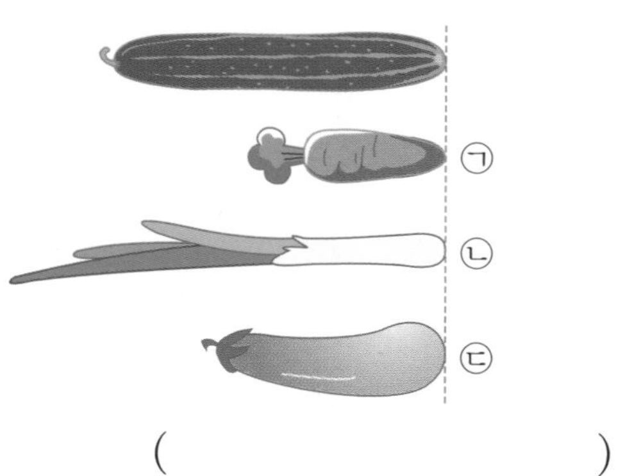


(      )

핵심 예제 7

무거운 것부터 순서대로 기호를 쓰시오.

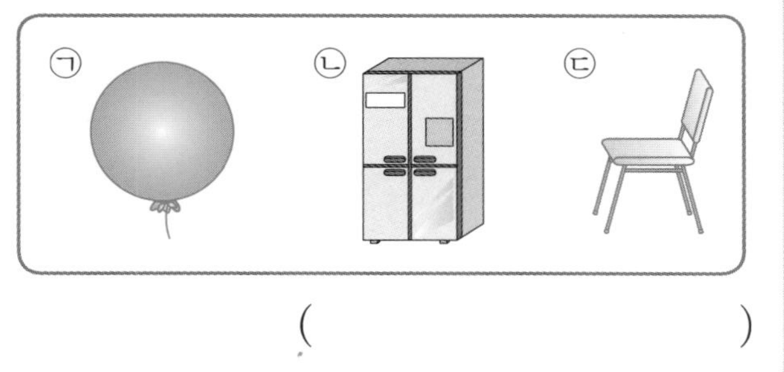


( )

전략

가장 무거운 것과 가장 가벼운 것을 찾아봅니다.

풀이

냉장고가 가장 무겁고 풍선이 가장 가볍습니다.
따라서 무거운 것부터 순서대로 쓰면 ㉡, ㉢, ㉠입니다.

답 ㉡, ㉢, ㉠

7-1 무거운 것부터 순서대로 기호를 쓰시오.

( )

7-2 가벼운 것부터 순서대로 기호를 쓰시오.

( )

핵심 예제 8

공 세 개를 저울에 매달았습니다. 가장 무거운 공을 찾아 기호를 쓰시오.

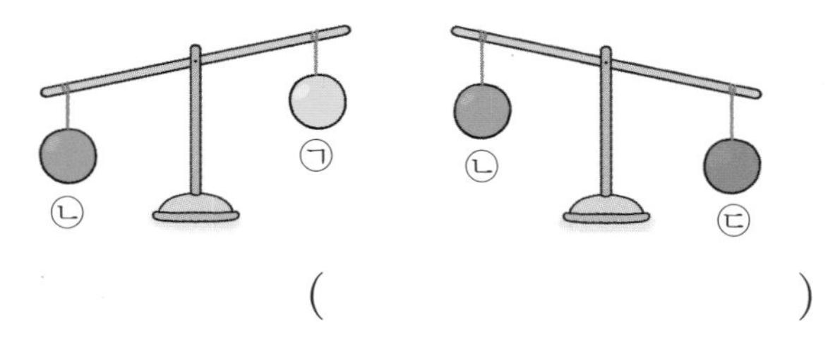


( )

전략

저울은 더 무거운 쪽이 아래로 내려갑니다.

풀이

㉡이 ㉠보다 더 무겁습니다.
㉢이 ㉡보다 더 무겁습니다.
따라서 ㉡이 ㉠보다 더 무겁고 ㉢이 ㉡보다 더 무거우므로 ㉢이 가장 무겁다.

답 ㉢

8-1 공 세 개를 저울에 매달았습니다. 가장 무거운 공을 찾아 기호를 쓰시오.

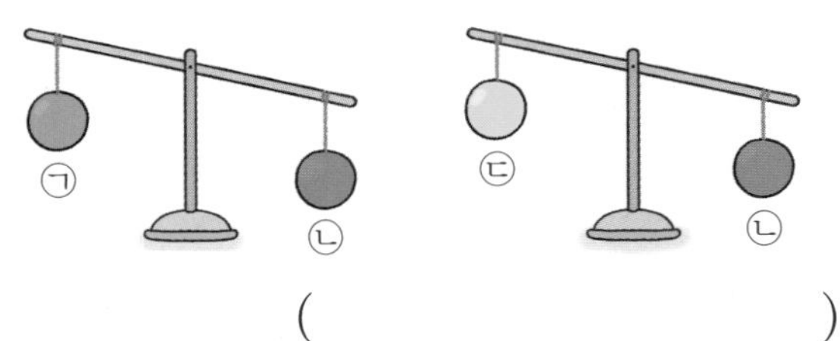


( )

8-2 공 세 개를 저울에 매달았습니다. 가장 가벼운 공을 찾아 기호를 쓰시오

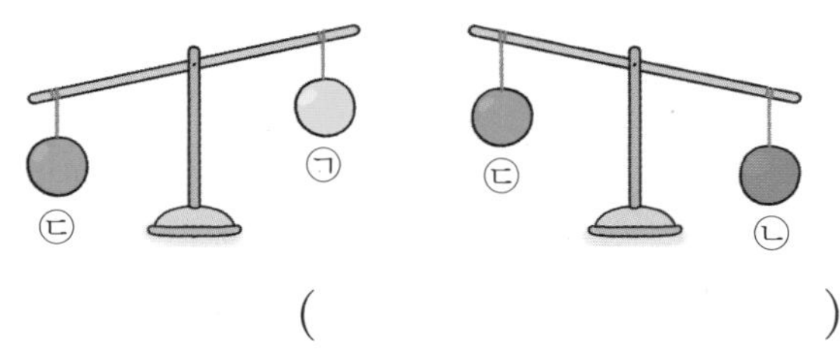


( )

# 1주 2일 필수 체크 전략 2

여러 가지 모양, 비교하기

**01** 두 사람이 모두 가지고 있는 모양을 찾아 ○표 하시오.

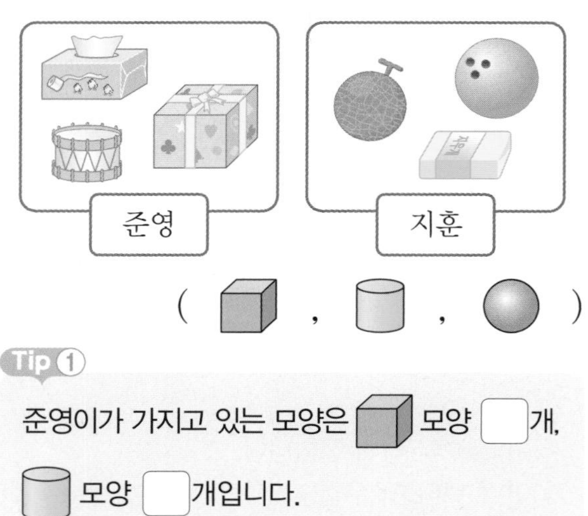


Tip ①

준영이가 가지고 있는 모양은 모양 □개, 모양 □개입니다.

**02** 모양은 모두 몇 개인지 쓰시오.

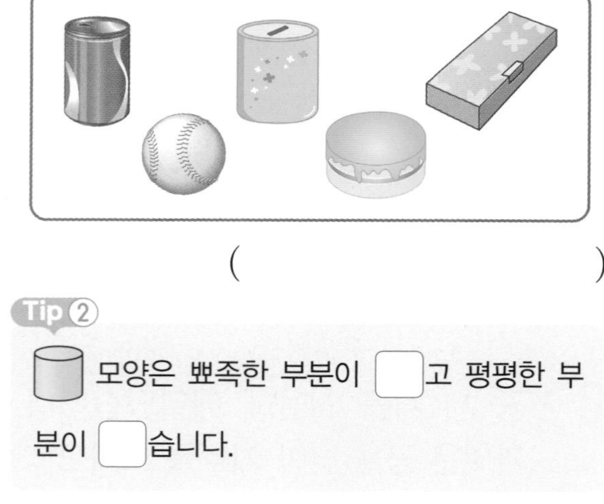

(                    )

Tip ②

모양은 뾰족한 부분이 □고 평평한 부분이 □습니다.

답 Tip ① 2, 1 ② 없, 있

**03** 같은 모양끼리 모았을 때 2개인 모양을 찾아 ○표 하시오.

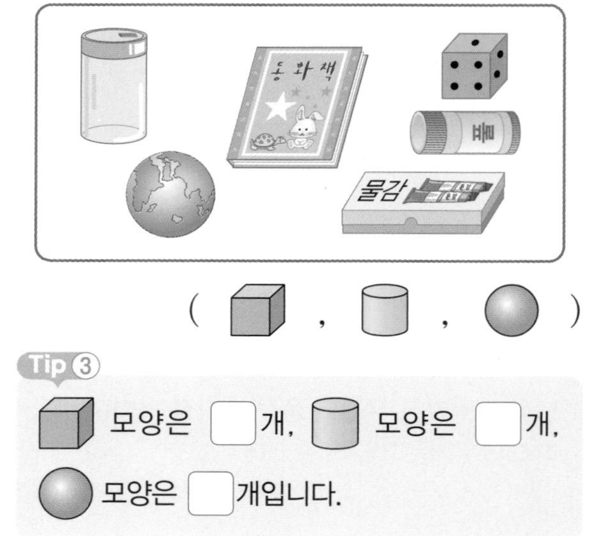


Tip ③

모양은 □개, 모양은 □개, 모양은 □개입니다.

**04** 오른쪽 모양을 만드는 데 가장 많이 사용한 모양을 찾아 ○표 하시오.

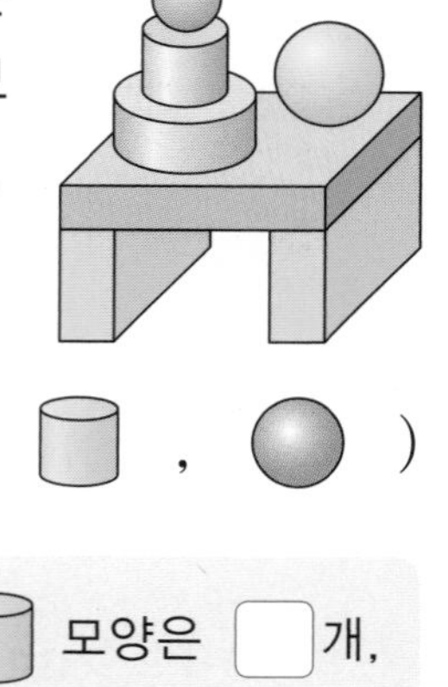

Tip ④

모양은 □개, 모양은 □개, 모양은 □개입니다.

답 Tip ③ 3, 2, 1 ④ 3, 2, 2

**05** 가장 긴 물건을 찾아 ○표 하시오.

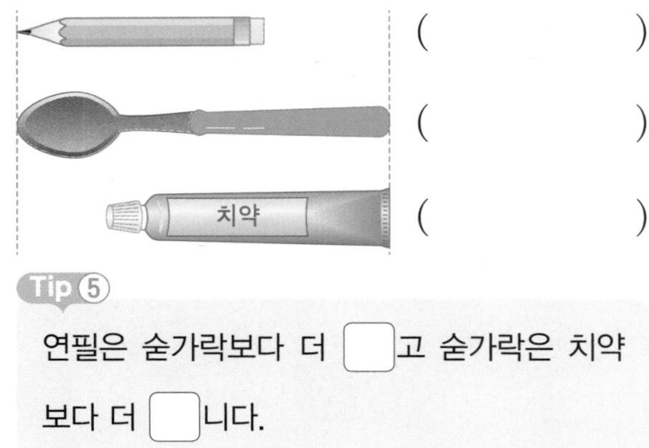


( )
( )
( )

Tip ⑤
연필은 숟가락보다 더 ☐고 숟가락은 치약보다 더 ☐니다.

**06** 더 긴 선을 찾아 기호를 쓰시오. (단, 작은 한 칸의 크기는 모두 같습니다.)

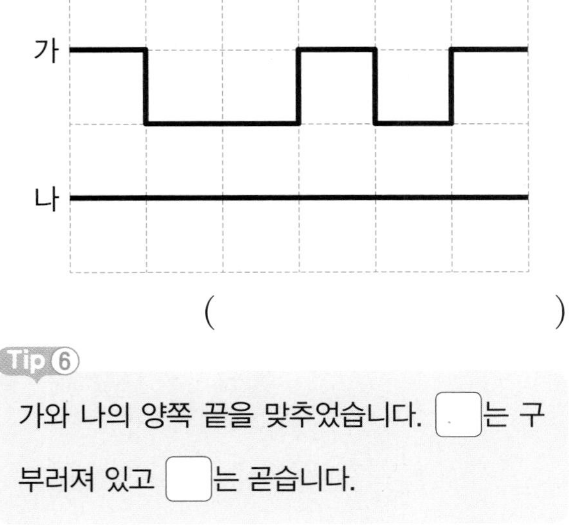


( )

Tip ⑥
가와 나의 양쪽 끝을 맞추었습니다. ☐는 구부러져 있고 ☐는 곧습니다.

답 Tip ⑤ 짧, 길 ⑥ 가, 나

**07** 똑같은 세 개의 상자 위에 무게가 다른 물건을 하나씩 올려놓았더니 상자가 찌그러졌습니다. 가장 무거운 물건을 올려놓은 상자를 찾아 기호를 쓰시오.

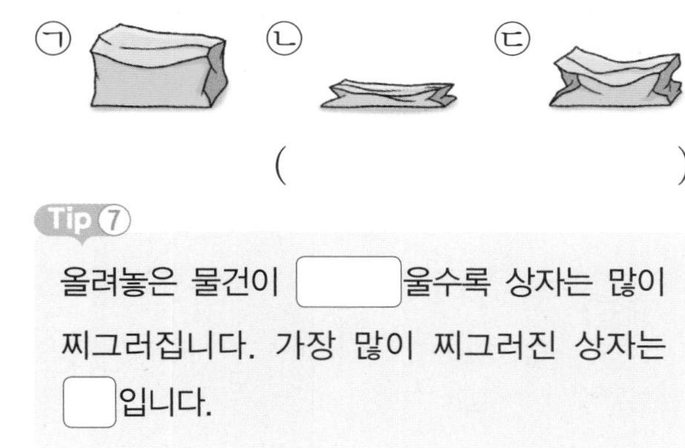


( )

Tip ⑦
올려놓은 물건이 ☐울수록 상자는 많이 찌그러집니다. 가장 많이 찌그러진 상자는 ☐입니다.

**08** 진수, 승규, 은재 중 가장 가벼운 사람부터 순서대로 이름을 쓰시오.

- 진수는 승규보다 더 가볍습니다.
- 은재는 승규보다 더 무겁습니다.

( )

Tip ⑧
진수는 승규보다 더 ☐고 승규는 은재보다 더 ☐습니다.

답 Tip ⑦ 무거, ㉡ ⑧ 가볍, 가볍

1주

# 1주 3일 필수 체크 전략 1

## 여러 가지 모양, 비교하기

**핵심 예제 1**

보이는 모양을 보고 같은 모양을 찾아 ○표 하시오.

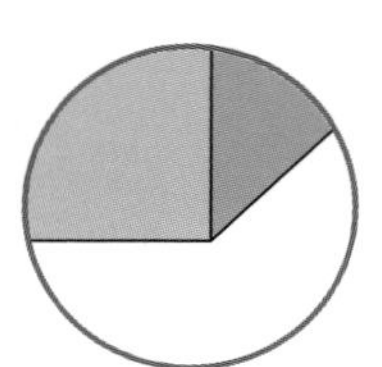

( 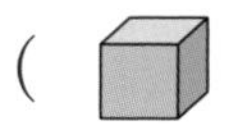 ,  ,  )

**전략**

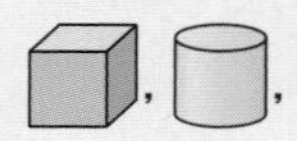 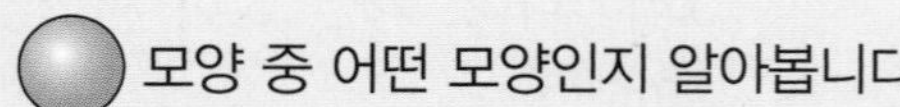 모양 중 어떤 모양인지 알아봅니다.

**풀이**

평평한 부분과 뾰족한 부분이 있습니다.

따라서 모양의 일부분입니다.

답 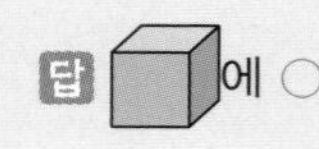에 ○표

**1-1** 보이는 모양을 보고 같은 모양을 찾아 ○표 하시오.

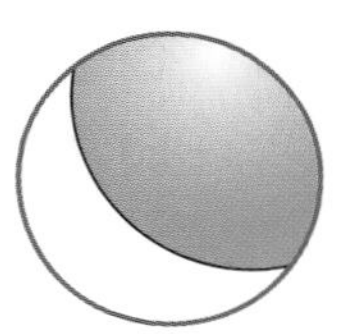

( 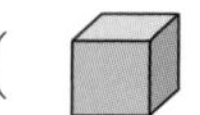 ,  ,  )

**1-2** 보이는 모양을 보고 같은 모양을 찾아 ○표 하시오.

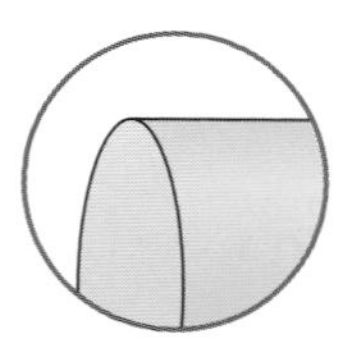

(  ,  ,  )

**핵심 예제 2**

설명에 알맞은 모양을 찾아 ○표 하시오.

- 잘 쌓을 수 없습니다.
- 굴리면 모든 방향으로 잘 굴러갑니다.

( 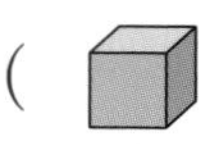 ,  ,  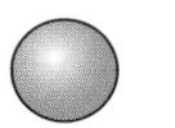 )

**전략**

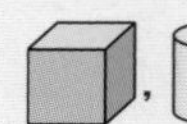  모양의 특징을 알아봅니다.

**풀이**

잘 쌓을 수 없으므로 평평한 부분이 없습니다.
모든 방향으로 잘 굴러가므로 둥근 부분이 있습니다.

따라서 모양에 대한 설명입니다.

답 

**2-1** 설명에 알맞은 모양을 찾아 ○표 하시오.

- 잘 쌓을 수 있습니다.
- 어느 방향으로도 잘 굴러가지 않습니다.

( 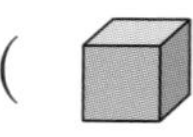 ,  ,   )

**2-2** 설명에 알맞은 모양을 찾아 ○표 하시오.

- 세우면 잘 쌓을 수 있습니다.
- 눕히면 잘 굴러갑니다.

( 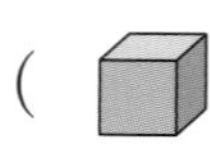 ,  ,  )

잘 쌓을 수 있는 모양을 모두 찾아 기호를 쓰시오.

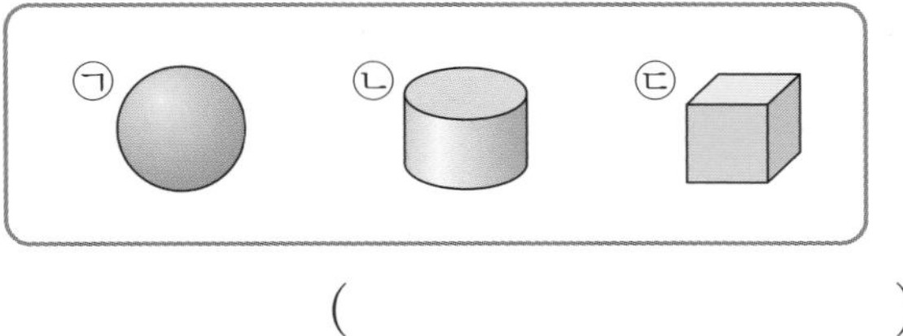

(                    )

평평한 부분이 있으면 잘 쌓을 수 있습니다.

풀이

모양, 모양은 잘 쌓을 수 있습니다.

답 ㉡, ㉢

**3-1** 굴리면 잘 굴러가는 모양을 모두 찾아 기호를 쓰시오.

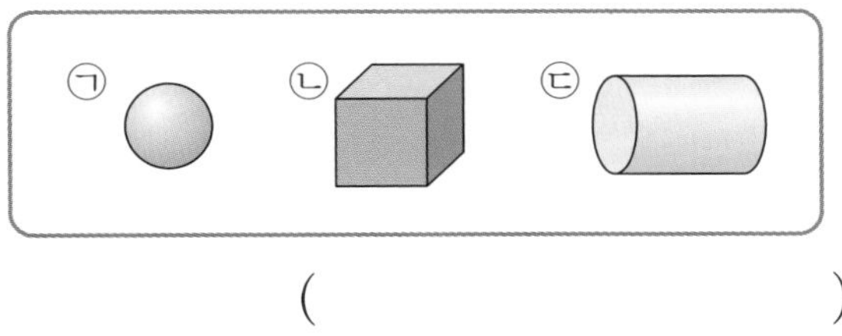

(                    )

**3-2** 잘 쌓을 수 없지만 굴리면 잘 굴러가는 모양을 모두 찾아 기호를 쓰시오.

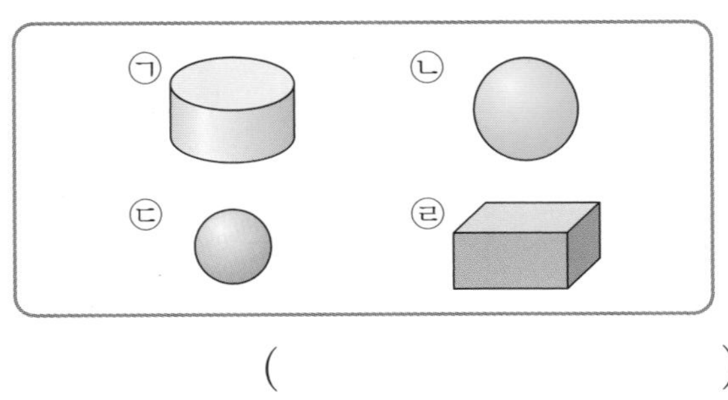

(                    )

핵심 예제 4

주어진 모양을 모두 사용하여 만들 수 있는 모양을 찾아 ○표 하시오.

(          ) (          )

모양의 수를 각각 세어 봅니다.

풀이

모양 1개, 모양 5개, 모양 1개를 사용하여 만든 모양을 찾습니다.

답 (  ) ( ○ )

**4-1** 주어진 모양을 사용하여 만들 수 있는 모양을 찾아 ○표 하시오.

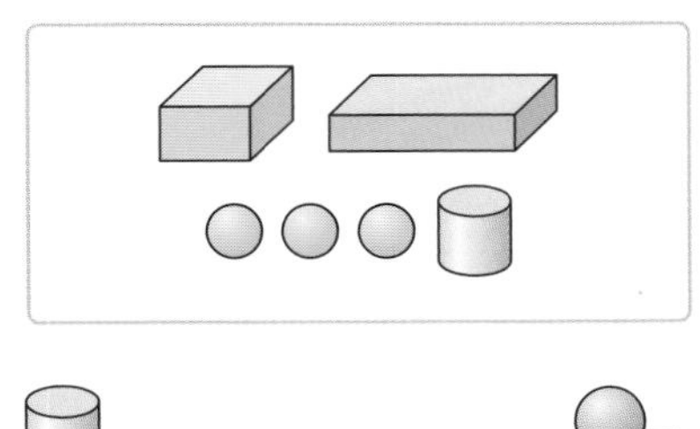

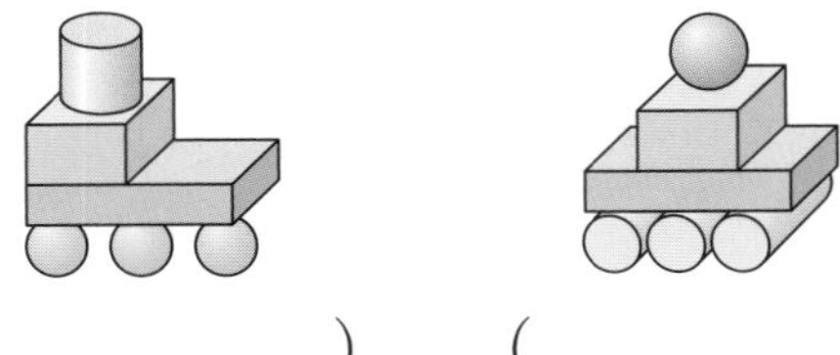

(          ) (          )

## 핵심 예제 5

가장 넓은 것을 찾아 ○표 하시오.

( ) ( ) ( )

**전략**

서로 포개었을 때 가장 많이 남는 것이 가장 넓습니다.

**풀이**

서로 포개었을 때 가장 많이 남는 것이 가장 넓으므로 스케치북이 가장 넓습니다.

답 ( ○ )( )( )

**5-1** 가장 넓은 것을 찾아 ○표 하시오.

( ) ( ) ( )

**5-2** 가장 좁은 것을 찾아 △표 하시오.

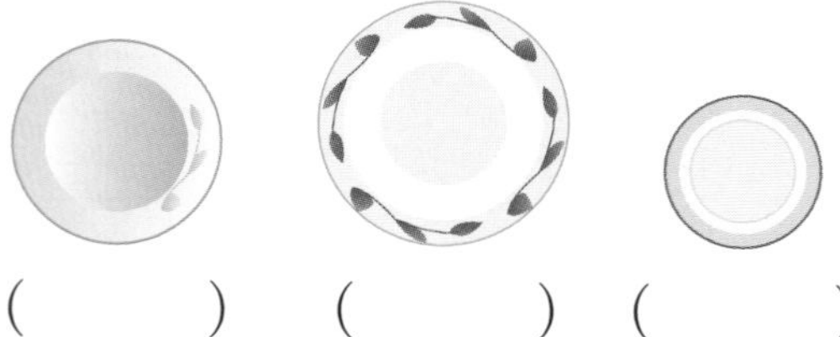

( ) ( ) ( )

## 핵심 예제 6

작은 한 칸의 크기는 모두 같습니다. 가장 넓은 것을 찾아 기호를 쓰시오.

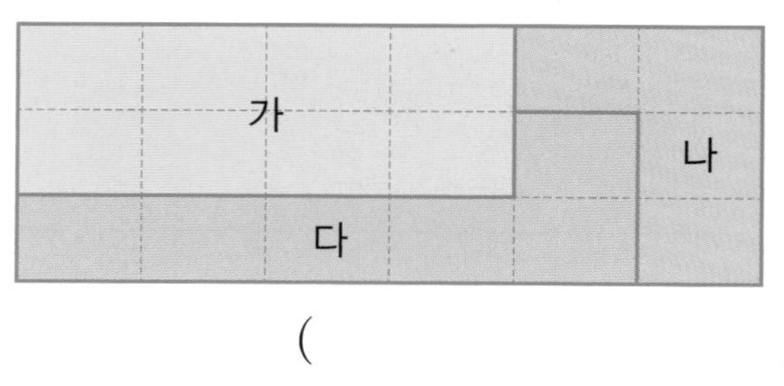


( )

**전략**

한 칸의 크기가 같으므로 칸 수가 많을수록 넓습니다. 가, 나, 다는 각각 몇 칸씩인지 칸 수를 세어 비교합니다.

**풀이**

가는 8칸, 나는 4칸, 다는 6칸입니다.

⇨ 8이 가장 크므로 가가 가장 넓습니다.

답 가

**6-1** 작은 한 칸의 크기는 모두 같습니다. 가장 넓은 것을 찾아 기호를 쓰시오.

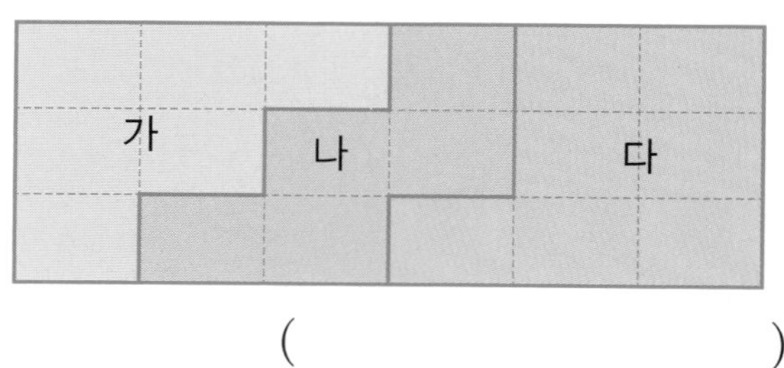


( )

칸 수를
세어 비교해요.

## 핵심 예제 7

키가 더 큰 사람의 이름을 쓰시오.

(　　　　　　　　　　)

(전략)
두 사람의 머리끝이 맞추어져 있으므로 발끝을 비교합니다.

(풀이)
두 사람의 머리끝이 맞추어져 있으므로 발끝이 더 많이 내려간 유진이가 종원이보다 키가 더 큽니다.

답 유진

**7-1** 키가 더 큰 사람의 이름을 쓰시오.

(　　　　　　　　　　)

**7-2** 키가 가장 큰 사람의 이름을 쓰시오.

(　　　　　　　　　　)

## 핵심 예제 8

담긴 물의 양이 많은 것부터 순서대로 기호를 쓰시오.

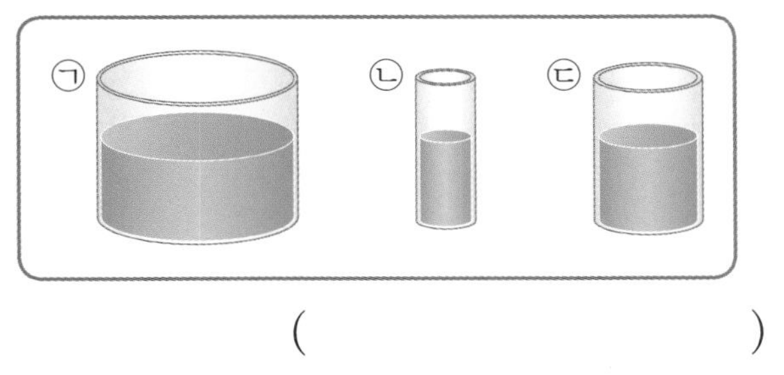


(　　　　　　　　　　)

(전략)
그릇에 들어 있는 물의 높이가 같으므로 그릇의 크기가 클수록 담긴 물의 양이 더 많습니다.

(풀이)
그릇에 들어 있는 물의 높이가 같으므로 그릇의 크기 순서대로 담긴 물의 양이 많습니다.

답 ㉠, ㉢, ㉡

**8-1** 담긴 물의 양이 많은 것부터 순서대로 기호를 쓰시오.

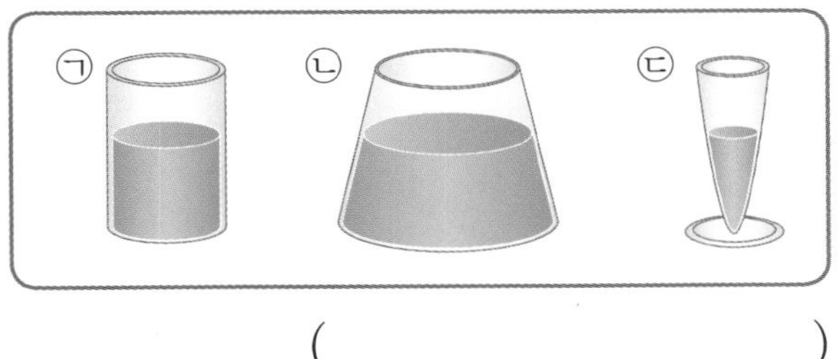


(　　　　　　　　　　)

**8-2** 담긴 물의 양이 많은 것부터 순서대로 기호를 쓰시오.

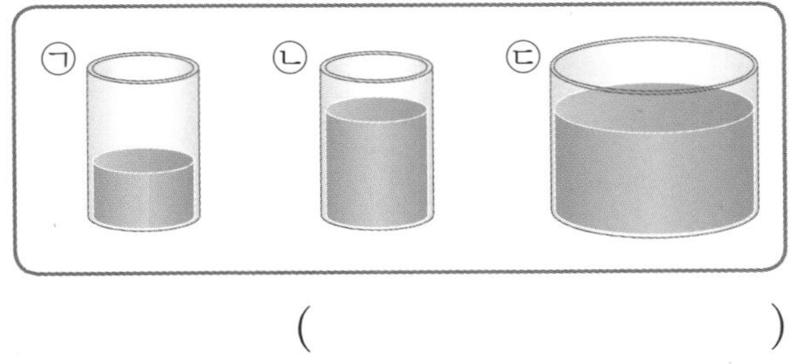


(　　　　　　　　　　)

1주

# 1주 3일 필수 체크 전략 2

여러 가지 모양, 비교하기

01 오른쪽 모양과 같은 모양의 물건은 모두 몇 개인지 쓰시오.

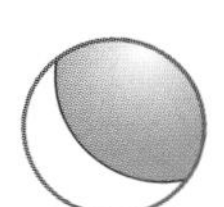

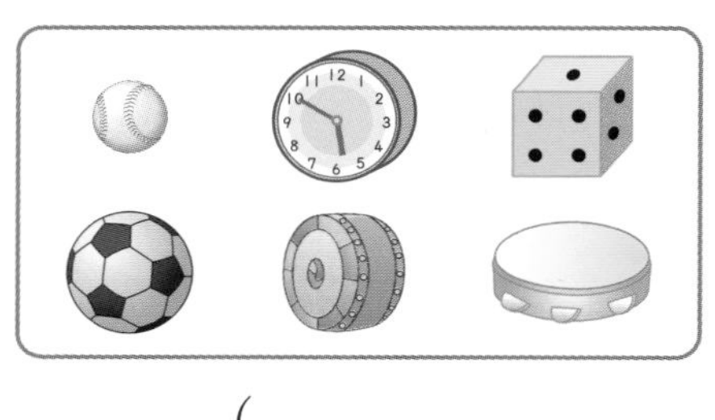

( )

Tip ①

오른쪽 모양은 평평한 부분이 ☐고 둥근 부분만 ☐습니다.

02 설명하는 모양의 물건을 모두 찾아 기호를 쓰시오.

• 쌓을 수 있습니다.
• 뾰족한 부분이 있습니다.

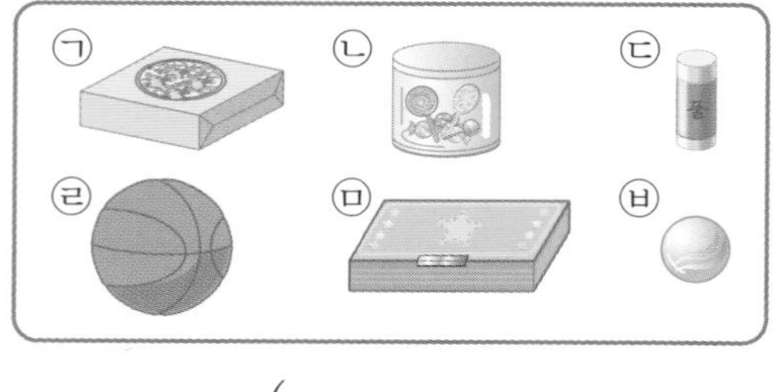

( )

Tip ②

☐ 모양, ☐ 모양은 평평한 부분이 ☐으므로 쌓을 수 ☐습니다.

03 다음 모양을 만드는 데 필요하지 않은 모양을 찾아 ×표 하시오.

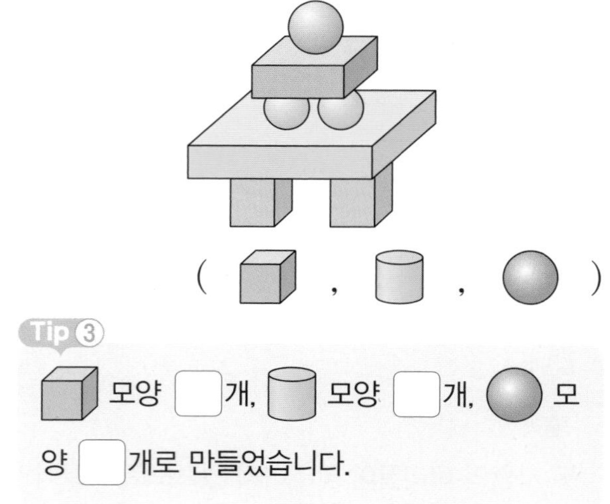

Tip ③

☐ 모양 ☐개, ☐ 모양 ☐개, ☐ 모양 ☐개로 만들었습니다.

04 ☐ 모양 2개, ☐ 모양 3개, ☐ 모양 4개를 사용하여 만든 모양을 찾아 ○표 하시오.

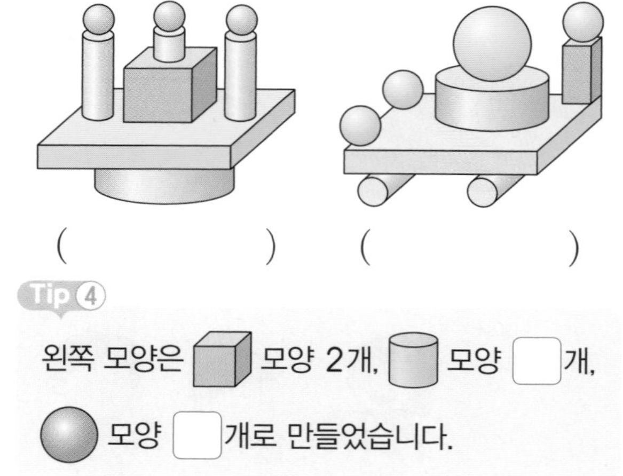

( ) ( )

Tip ④

왼쪽 모양은 ☐ 모양 2개, ☐ 모양 ☐개, ☐ 모양 ☐개로 만들었습니다.

답 Tip ① 없, 있 ② 있, 있

답 Tip ③ 4, 0, 3 ④ 4, 3

**05** 다음 중 가장 넓은 것은 무엇인지 쓰시오.

- 액자는 거울보다 더 좁습니다.
- 창문은 거울보다 더 넓습니다.

( )

Tip ⑤
거울은 액자보다 더 □습니다. 거울보다 더 넓은 창문은 액자보다 더 □습니다.

**06** 같은 크기의 △ 모양 색종이를 겹치지 않게 이어 붙여 다음 모양을 만들었습니다. 넓이가 더 넓은 것을 찾아 ○표 하시오.

( ) ( )

Tip ⑥
왼쪽은 △ 모양이 □개이고 오른쪽은 △ 모양인 □개입니다.

답 Tip ⑤ 넓, 넓 ⑥ 4, 6

**07** 주전자에 물을 가득 담은 후 그릇이 가득 찰 때까지 부었더니 주전자에 물이 남았습니다. 주전자와 그릇 중 담을 수 있는 물의 양이 더 많은 것을 쓰시오.

( )

Tip ⑦
주전자를 가득 채운 □은 □에 모두 옮겨 담지 못합니다.

**08** 무거운 사람부터 순서대로 이름을 쓰시오.

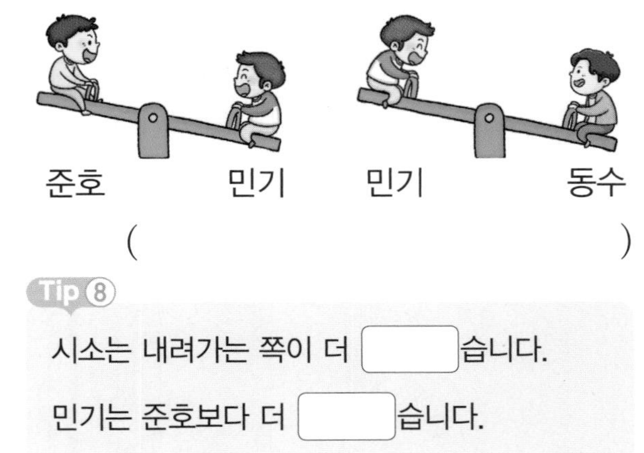


( )

Tip ⑧
시소는 내려가는 쪽이 더 □습니다.
민기는 준호보다 더 □습니다.

답 Tip ⑦ 물, 그릇 ⑧ 무겁, 무겁

1주

맞은 개수 ／개

**01** 모양이 다른 하나를 찾아 기호를 쓰시오.

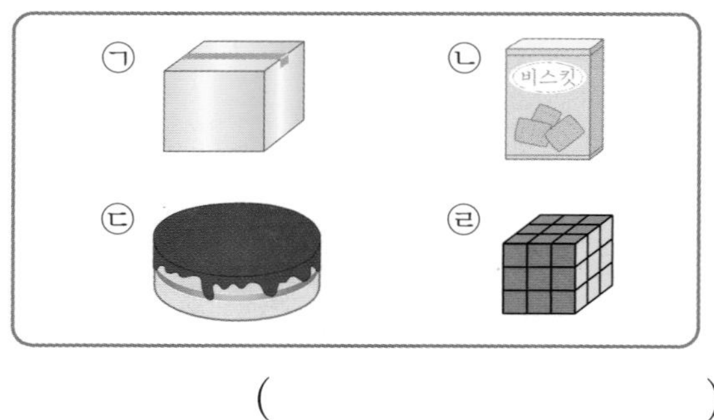


(　　　　　　　　)

**02** 주어진 모양을 사용하여 만들 수 있는 모양을 찾아 ○표 하시오.

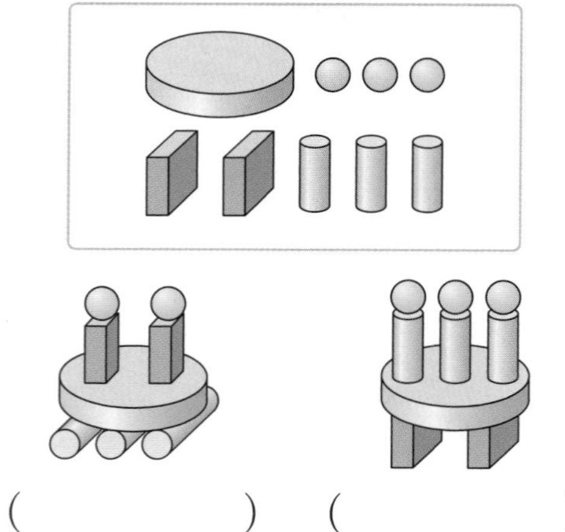

(　　　　)　(　　　　)

**03** 호연, 진경, 윤주, 소라 중 키가 가장 큰 사람은 누구인지 쓰시오.

- 호연이는 진경이보다 키가 더 작습니다.
- 소라는 호연이보다 키가 더 큽니다.
- 진경이는 윤주보다 키가 더 작습니다.
- 윤주는 소라보다 키가 더 작습니다.

(　　　　　　　　)

**04** 빗보다 더 짧은 것을 모두 찾아 기호를 쓰시오.

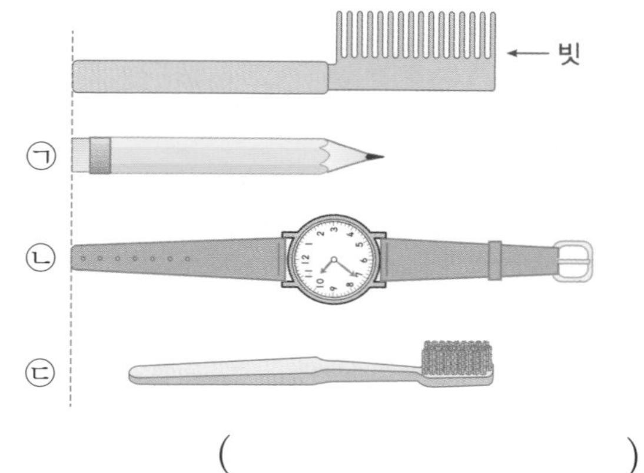


(　　　　　　　　)

>> 정답과 풀이 29쪽

**05** 보이는 모양을 보고 같은 모양을 찾아 ○표 하시오.

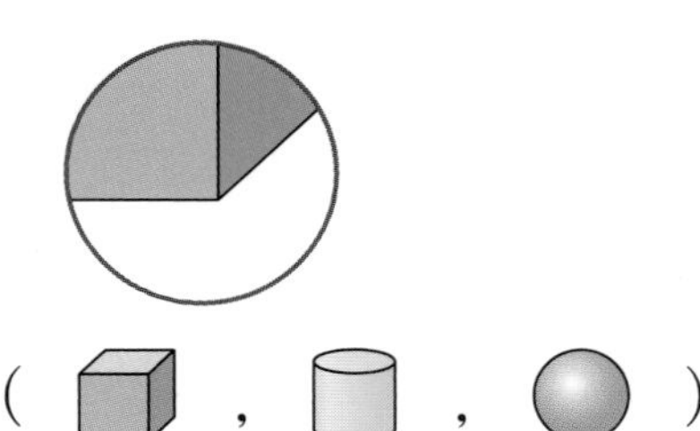

( , , )

**06** 쌓을 수 있는 물건은 모두 몇 개인지 쓰시오.

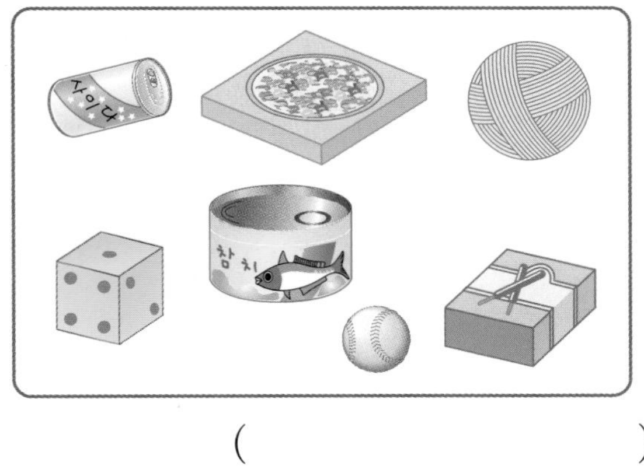


( )

**07** 가벼운 공부터 순서대로 기호를 쓰시오.

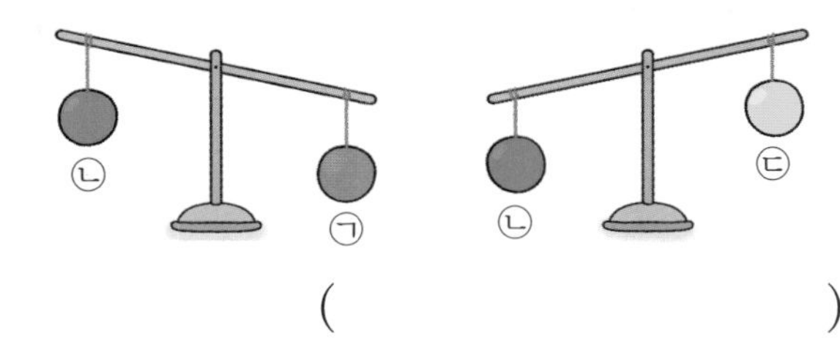


( )

**08** 양동이에는 ㉠ 컵으로, 냄비에는 ㉡ 컵으로 물을 가득 채워 각각 6번씩 부었더니 넘치지 않고 물이 가득 찼습니다. ㉠ 컵과 ㉡ 컵 중 어느 컵에 물을 더 많이 담을 수 있는지 쓰시오.

( )

1주

**01** 모양에 대한 규칙에 따라 물건을 놓았습니다. 다음에 이어질 물건의 모양을 찾아 ○표 하시오.

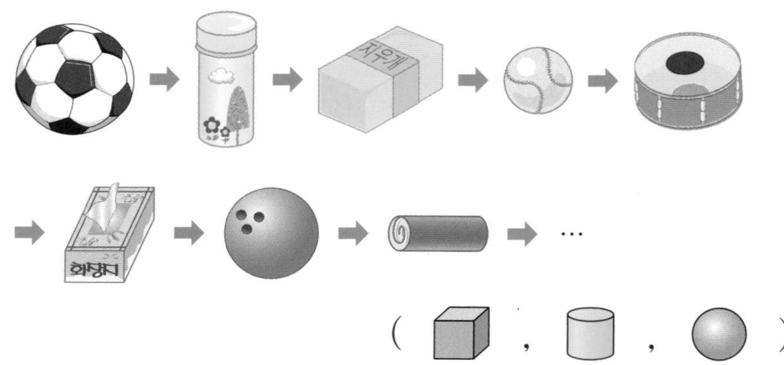


( □ , □ , ○ )

**Tip ①**
○ 모양 1개,
□ 모양 □개,
□ 모양 □개가 반복되는 규칙입니다.

**02** 보기 의 모양을 일부 사용하여 오른쪽 모양을 만들었습니다. 모양을 만들고 남은 모양을 찾아 ○표 하시오.

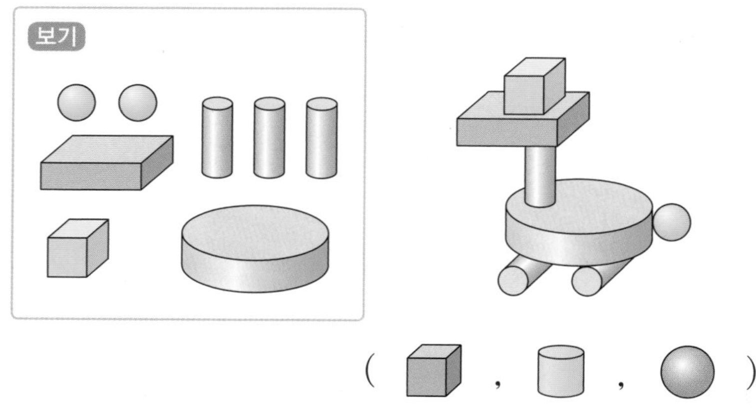


( □ , □ , ○ )

**Tip ②**
오른쪽 모양을 만드는 데
□ 모양 □개,
□ 모양 □개,
○ 모양 □개를 사용했습니다.

Tip ① 1, 1 ② 2, 4, 1

>> 정답과 풀이 29쪽

**03** (원기둥) 모양을 입력하였을 때 나오는 값을 쓰시오.

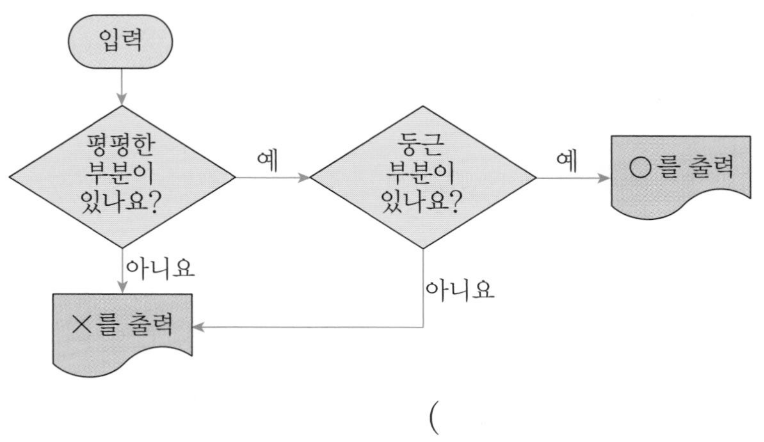


( )

**Tip ③**

(상자) 모양은 평평한 부분이 ☐고 둥근 부분이 ☐습니다. 따라서 (상자) 모양을 입력하면 ×가 나옵니다.

1주

**04** 진수는 가지고 있는 물건 중 쌓을 수 있는 물건만 골라 정리함에 넣으려고 합니다. 정리함에 넣을 물건은 모두 몇 개입니까?

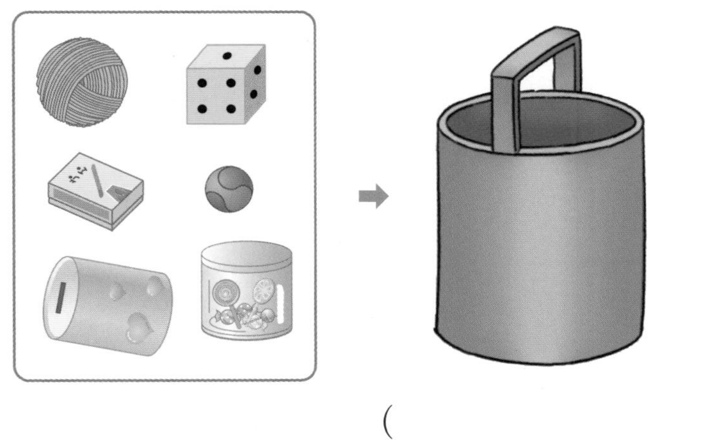

( )

**Tip ④**

진수가 가지고 있는 물건은

(상자) 모양이 ☐개,

(원기둥) 모양이 ☐개,

(공) 모양이 ☐개입니다.

Tip ③ 있, 없 ④ 2, 2, 2

**05** 넓이가 서로 다른 노란 색종이, 파란 색종이, 초록 색종이가 1장씩 있습니다. 색종이 3장을 초록, 파란, 노란 색종이 순으로 한쪽 끝을 맞추어 포개었더니 다음과 같았습니다. 넓이가 넓은 것부터 색깔을 차례로 쓰시오.

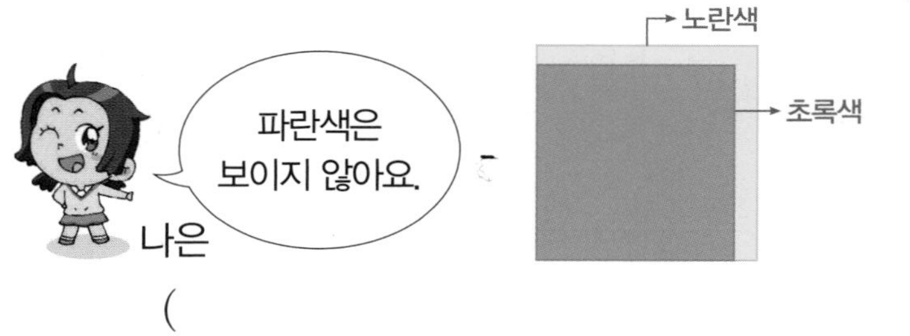


(　　　　　　　　　　　　　　　　)

**Tip ⑤**
색종이 3장을 포개었을 때 파란 색종이는 남는 부분이 □습니다.
파란 색종이는 가장 □습니다.

**06** 진우가 집에서 학교까지 가는 길은 2가지입니다. ㉠ 길과 ㉡ 길 중 어느 길이 더 짧은지 쓰시오. (단, 한 칸의 길이는 같습니다.)

학교
㉠
집
㉡

(　　　　　　　　　　) 길

**Tip ⑥**
한 칸의 길이는 같으므로 칸의 수를 세어 봅니다.
㉠ 길은 □칸, ㉡ 길은 □칸입니다.

Tip ⑤ 없, 좁 ⑥ 9, 11

>> 정답과 풀이 29쪽

**07** 똑같은 용수철에 추를 매달았습니다. 무거운 추를 매단 것부터 차례로 1, 2, 3을 ☐ 안에 써넣으시오.

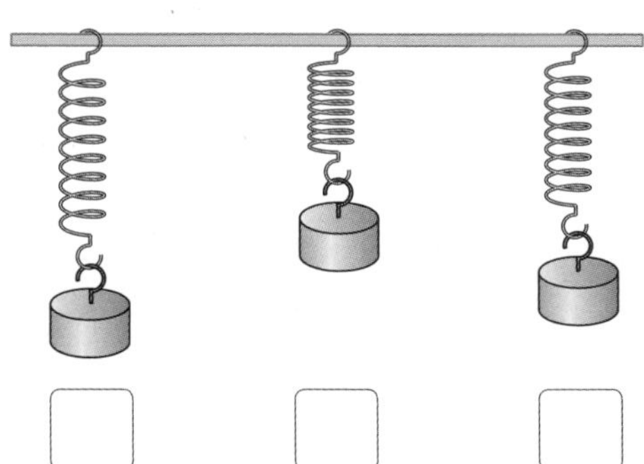

**Tip ⑦**

용수철에 매달린 추가 무거울수록 용수철은 더 많이 ☐납니다. 가장 많이 늘어난 용수철은 왼쪽에서 ☐째입니다.

**08** 정민이와 연경이가 우유를 마시고 남은 우유를 서로 다른 컵에 옮겨 담았습니다. 우유를 더 많이 남긴 사람은 누구인지 쓰시오.

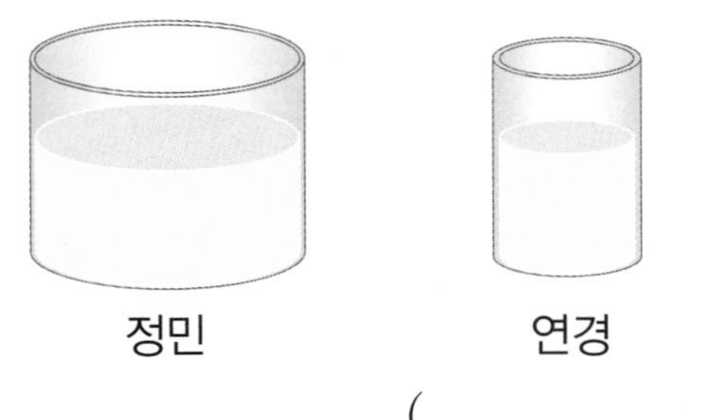


( )

**Tip ⑧**

두 컵에 담긴 ☐의 높이가 같습니다. 따라서 큰 컵에 담긴 우유의 양이 더 ☐습니다.

Tip ⑦ 늘어, 첫 ⑧ 우유, 많

1주

# 2주 50까지의 수

9보다 1만큼 더 큰 수는 10이라고 쓰지. 새는 열 마리야.
새가 떼를 지어 날아가고 있어요. 새는 9마리보다 1마리 더 많아요.
물고기는 10마리씩 2묶음, 낱개가 4마리야. 24마리네!
물고기가 30마리보다 적구나.

공부할 내용

① 십, 십몇 알아보기
② 십몇을 모으기와 가르기
③ 몇십, 몇십몇 알아보기
④ 수의 순서 알아보기
⑤ 수의 크기 비교하기

# 2주 1일 개념 돌파 전략 1



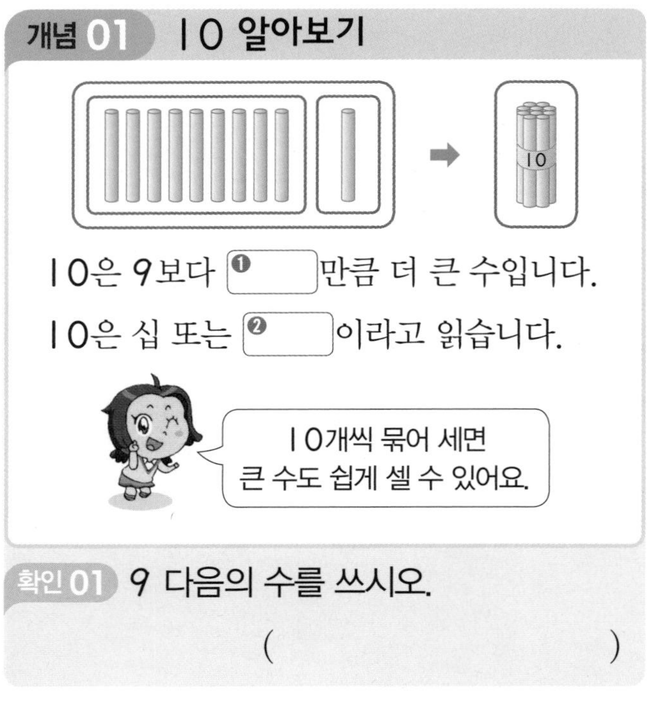

## 개념 01 10 알아보기

10은 9보다 ❶ 만큼 더 큰 수입니다.

10은 십 또는 ❷ 이라고 읽습니다.



**확인 01** 9 다음의 수를 쓰시오.

( )

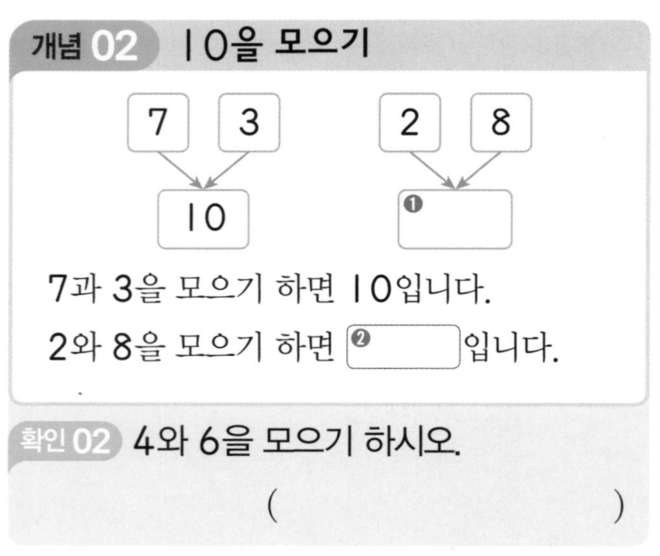

## 개념 02 10을 모으기



7과 3을 모으기 하면 10입니다.

2와 8을 모으기 하면 ❷ 입니다.

**확인 02** 4와 6을 모으기 하시오.

( )

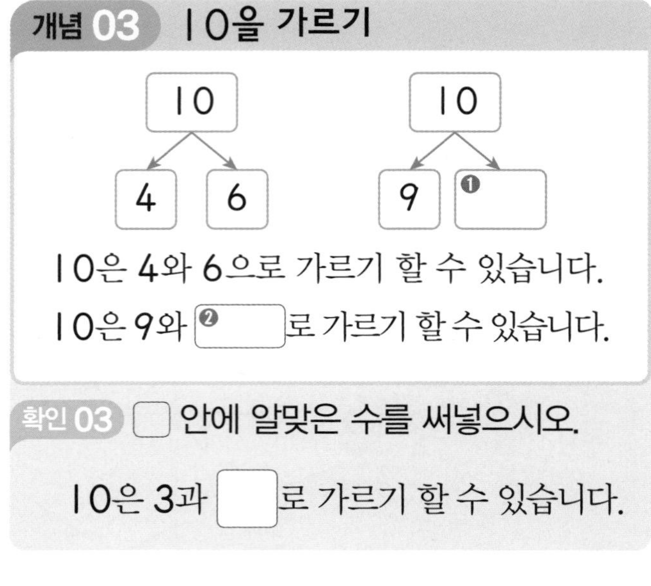

## 개념 03 10을 가르기



10은 4와 6으로 가르기 할 수 있습니다.

10은 9와 ❷ 로 가르기 할 수 있습니다.

**확인 03** ☐ 안에 알맞은 수를 써넣으시오.

10은 3과 ☐ 로 가르기 할 수 있습니다.

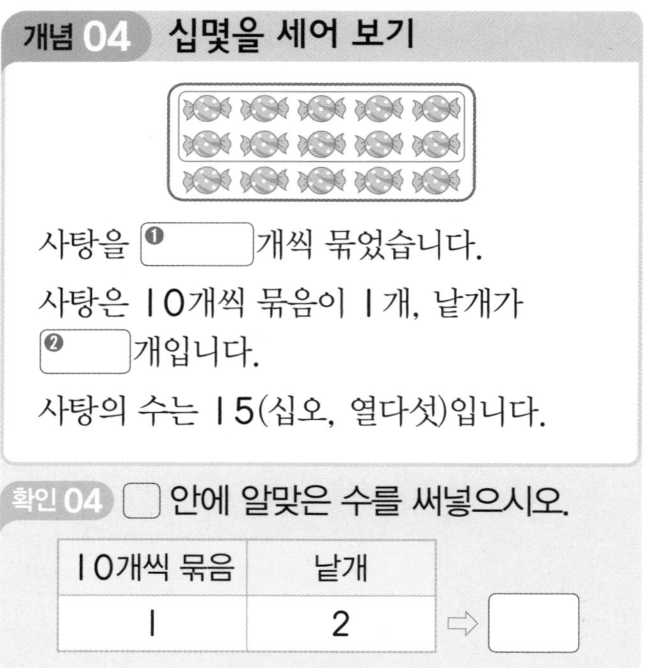

## 개념 04 십몇을 세어 보기

사탕을 ❶ 개씩 묶었습니다.

사탕은 10개씩 묶음이 1개, 낱개가 ❷ 개입니다.

사탕의 수는 15(십오, 열다섯)입니다.

**확인 04** ☐ 안에 알맞은 수를 써넣으시오.

| 10개씩 묶음 | 낱개 |
|---|---|
| 1 | 2 |

⇨ ☐

답 개념 01 ❶ 1 ❷ 열 개념 02 ❶ 10 ❷ 10

답 개념 03 ❶ 1 ❷ 1 개념 04 ❶ 10 ❷ 5

>> 정답과 풀이 30쪽

## 개념 05 십몇의 순서

11 — 12 — 13 — 14

11보다 1만큼 더 큰 수는 12입니다.

14보다 1만큼 더 작은 수는 ❶ [ ] 입니다.

⇨ 11과 14 사이의 수는 12와 ❷ [ ] 입니다.

**확인 05** 16과 18 사이의 수를 쓰시오.

( )

## 개념 06 십몇을 모으기

• 9와 3을 모으기

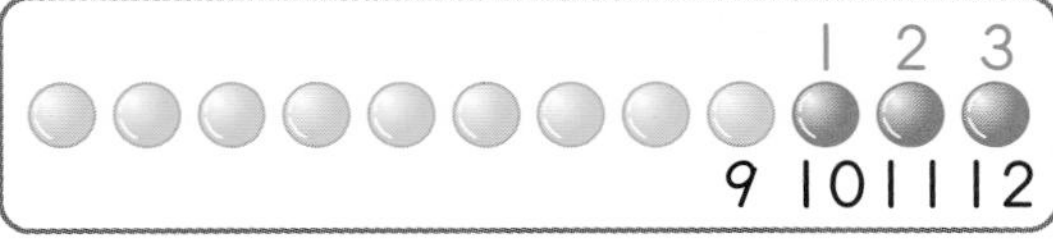


○는 9개, ●는 3개입니다.

○의 수를 세고 ●의 수를 이어 세면 ❶ [ ] 입니다.

⇨ 9와 3을 모으기 하면 ❷ [ ] 입니다.

**확인 06** 모으기를 하시오.

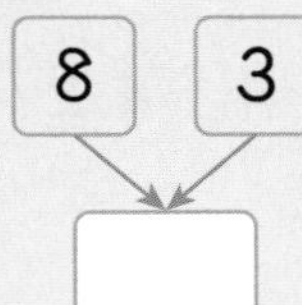


## 개념 07 십몇을 가르기

• 12를 가르기

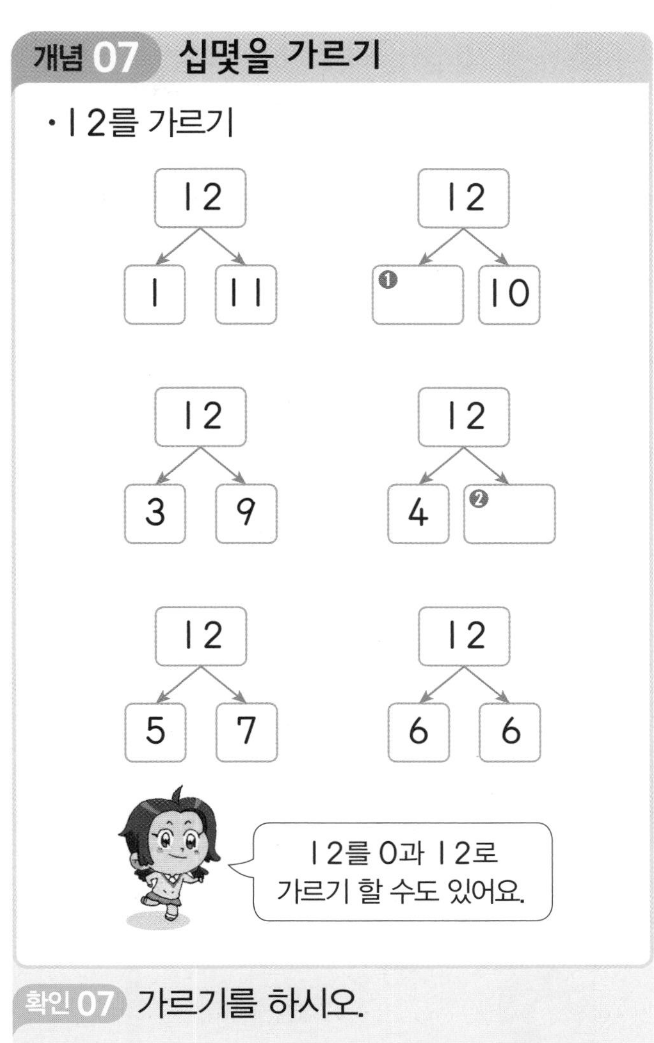


**확인 07** 가르기를 하시오.

답 개념 05 ❶ 13 ❷ 13 개념 06 ❶ 12 ❷ 12

답 개념 07 ❶ 2 ❷ 8

## 개념 08 몇십 알아보기

| 20 | 10개씩 묶음 2개 | 이십, 스물 |
|---|---|---|
| 30 | 10개씩 묶음 3개 | 삼십, 서른 |
| ❶ | 10개씩 묶음 4개 | 사십, 마흔 |
| ❷ | 10개씩 묶음 5개 | 오십, 쉰 |

**확인 08** 10개씩 묶음이 4개인 수를 두 가지 방법으로 읽으시오.

( , )

## 개념 09 몇십몇(■▲) 알아보기

■▲

| 10개씩 묶음 | 낱개 |
|---|---|
| ■ | ▲ |

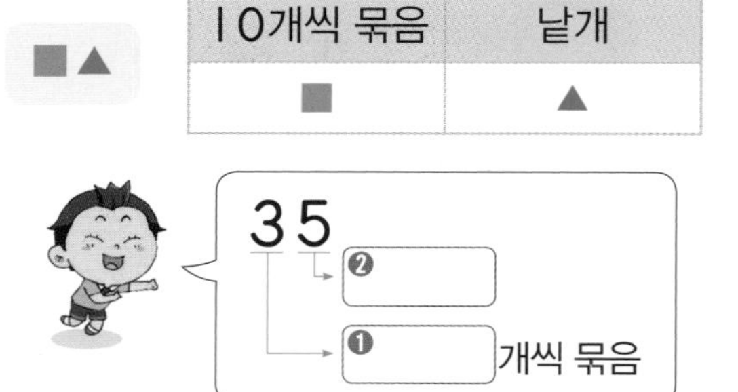


**확인 09** 빈칸에 알맞은 수를 써넣으시오.

(1) 28

| 10개씩 묶음 | 낱개 |
|---|---|
| | |

(2) 45

| 10개씩 묶음 | 낱개 |
|---|---|
| | |

## 개념 10 10개씩 묶어 세어 보기

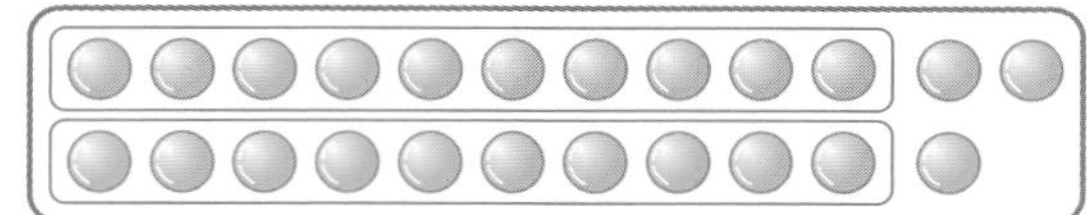

10개씩 묶음이 2개, 낱개가 ❶ 개입니다.

⇨ 구슬은 ❷ 개입니다.

**확인 10** 구슬의 수를 쓰시오.

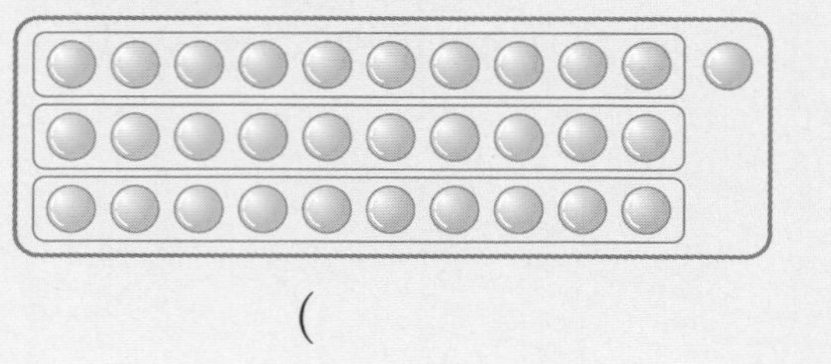

( )

## 개념 11 낱개가 몇십몇 개인 수

• 10개씩 묶음이 3개, 낱개가 11개인 수

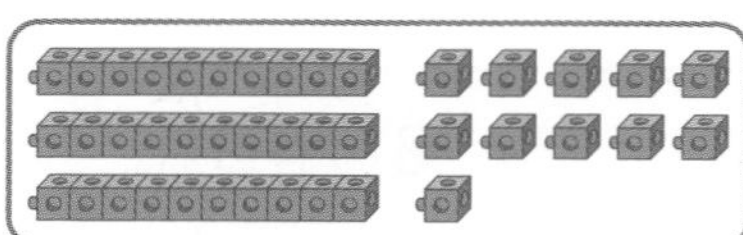

11은 10개씩 묶음이 1개, 낱개가 1개입니다.

⇨ 10개씩 묶음이 3+1= ❶ (개), 낱개가 1개이므로 ❷ 입니다.

**확인 11** 10개씩 묶음이 2개, 낱개가 13개인 수를 쓰시오.

( )

답 개념 08 ❶ 40 ❷ 50 개념 09 ❶ 10 ❷ 낱개

답 개념 10 ❶ 3 ❷ 23 개념 11 ❶ 4 ❷ 41

## 개념 12 두 수의 크기 비교하기(1)

• 25와 41의 크기 비교

25와 41은 10개씩 묶음의 수가 달라요.

10개씩 묶음의 수를 비교하면 2가 ❶ [ ] 보다 작습니다.

따라서 ❷ [ ] 는 41보다 작습니다.

**확인 12** 더 큰 수를 찾아 ○표 하시오.

32 43

## 개념 13 두 수의 크기 비교하기(2)

• 38과 34의 크기 비교

38과 34는 10개씩 묶음의 수가 3으로 같아요.

낱개의 수를 비교하면 ❶ [ ] 이 4보다 큽니다.

따라서 ❷ [ ] 이 34보다 큽니다.

**확인 13** 더 큰 수를 찾아 ○표 하시오.

46 41

## 개념 14 세 수의 크기 비교하기

32 24 43

10개씩 묶음의 수를 비교하면 4가 가장 크고 2가 가장 작습니다.

⇨ 가장 큰 수는 ❶ [ ] 이고 가장 작은 수는 ❷ [ ] 입니다.

**확인 14** 가장 큰 수를 찾아 ○표 하시오.

47 30 23

## 개념 15 ●보다 큰 수 찾기

35보다 큰 수에 색칠해 보세요.

35보다 큰 수는 35보다 ❶ [ ] 에 있습니다.

따라서 36, ❷ [ ] 에 모두 색칠합니다.

**확인 15** 42보다 작은 수에 색칠하시오.

답 개념 12 ❶ 4 ❷ 25 개념 13 ❶ 8 ❷ 38

답 개념 14 ❶ 43 ❷ 24 개념 15 ❶ 뒤 ❷ 37

50까지의 수

01 10이 되도록 ○를 그리시오.

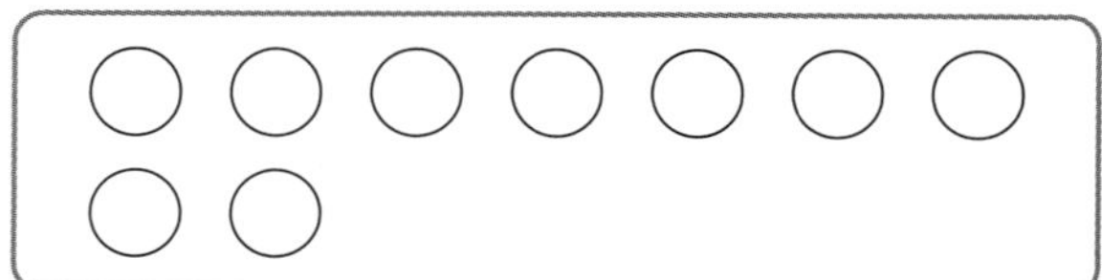

문제 해결 전략 1

○는 □개입니다.

10은 9보다 □만큼 더 큽니다.

02 □ 안에 알맞은 수를 써넣으시오.

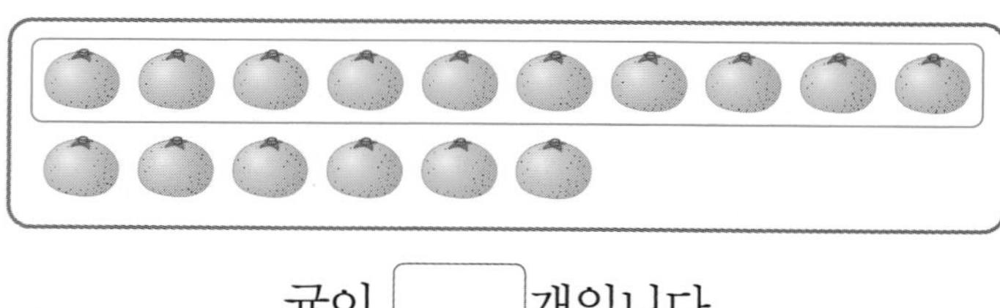

귤이 □개입니다.

문제 해결 전략 2

귤은 10개씩 묶음이 □개, 낱개는 □개입니다.

03 그림과 같은 봉지에 사과를 11개 담으려고 합니다. 사과를 몇 개 더 넣어야 합니까?

(　　　　　　　　)

문제 해결 전략 3

봉지 안에 사과가 □개 있습니다. 9와 □를 모으기 하면 11입니다.

답 1 9, 1 2 1, 6 3 9, 2

>> 정답과 풀이 31쪽

**04** 벌의 수를 두 가지 방법으로 읽으시오.

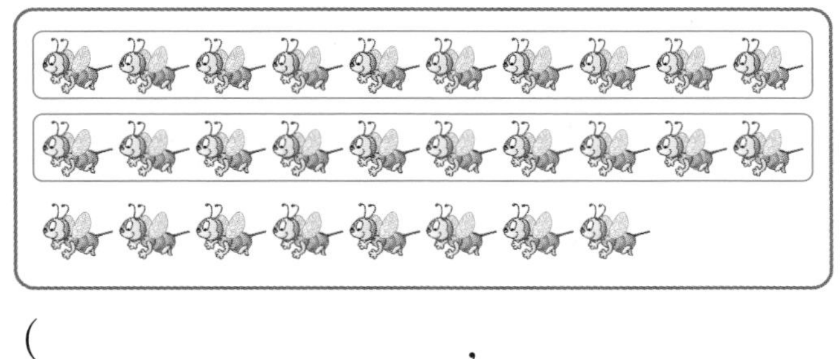

( , )

문제 해결 전략 4

벌은 10마리씩 묶음이 ☐개, 낱개는 ☐개입니다.

**05** 빈칸에 알맞은 수를 써넣으시오.

(1) 19 — ☐ — 21 — 22 — ☐

(2) 34 — 35 — ☐ — ☐ — 38

문제 해결 전략 5

19와 21 사이에 있는 수는 10개씩 묶음이 ☐개이고 낱개는 ☐습니다.

2주

**06** 바둑돌의 수를 세어 크기를 비교하려고 합니다. ☐ 안에 알맞은 수를 써넣으시오.

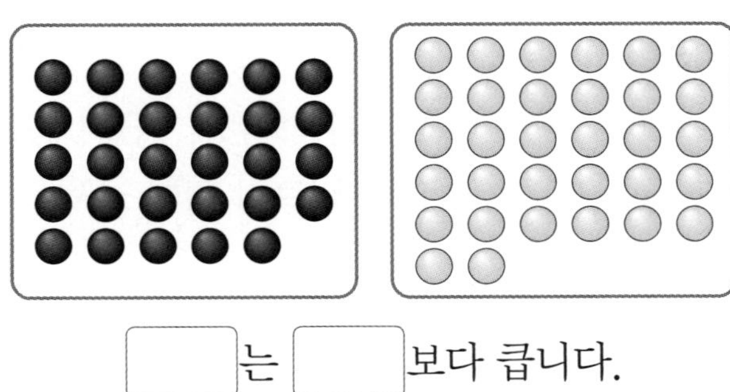

☐는 ☐보다 큽니다.

문제 해결 전략 6

검은 바둑돌은 ☐개이고 흰 바둑돌은 ☐개입니다.

답 4 2, 8 5 2, 없 6 29, 32

**핵심 예제 1**

빈칸에 알맞은 수를 써넣으시오.

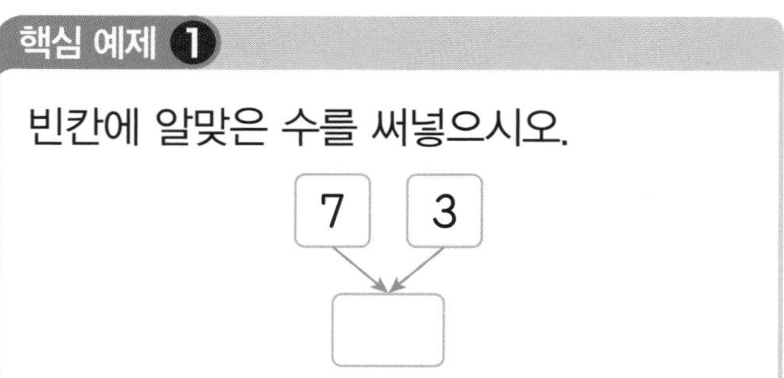

(전략)
7과 3을 모으기 합니다.

(풀이)
7과 3을 모으기 하면 10입니다.

답 10

**핵심 예제 2**

서우는 붙임딱지를 9장 가지고 있고 재희는 붙임딱지를 서우보다 1장 더 가지고 있습니다. 재희가 가진 붙임딱지는 모두 몇 장입니까?

(　　　　　　　　)

(전략)
재희가 가지고 있는 붙임딱지의 수는 9보다 1만큼 더 큰 수입니다.

(풀이)
재희가 가지고 있는 붙임딱지의 수는 9보다 1만큼 더 큰 수입니다.
따라서 재희가 가지고 있는 붙임딱지는 10장입니다.

답 10장

**1-1** 빈칸에 알맞은 수를 써넣으시오.

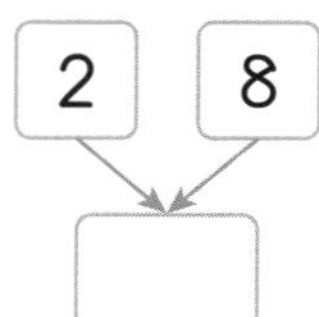

**1-2** 빈칸에 알맞은 수를 써넣으시오.

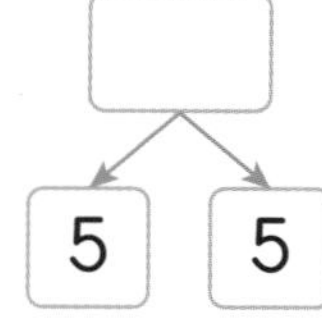

**2-1** 준수는 동화책 10권을 읽으려고 합니다. 동화책 6권을 읽었다면 앞으로 몇 권을 더 읽어야 합니까?

(　　　　　　　　)

**2-2** 민호가 수학 문제 10개 중에 8개를 맞혔습니다. 민호가 틀린 문제는 몇 개입니까?

(　　　　　　　　)

**핵심 예제 3**

사탕이 모두 몇 개입니까?

( )

전략

사탕 10개를 세어 묶어 봅니다.

풀이

사탕은 10개씩 묶음이 1개, 낱개가 3개입니다.
따라서 사탕은 13개입니다.

답 13개

**핵심 예제 4**

수를 순서대로 쓰려고 합니다. 빈 곳에 알맞은 수를 써넣으시오.

전략

9 다음의 수는 10입니다.

풀이

9보다 1만큼 더 큰 수는 10입니다.
10보다 1만큼 더 큰 수는 11입니다.

답 10, 11

**3-1** 딸기가 모두 몇 개입니까?

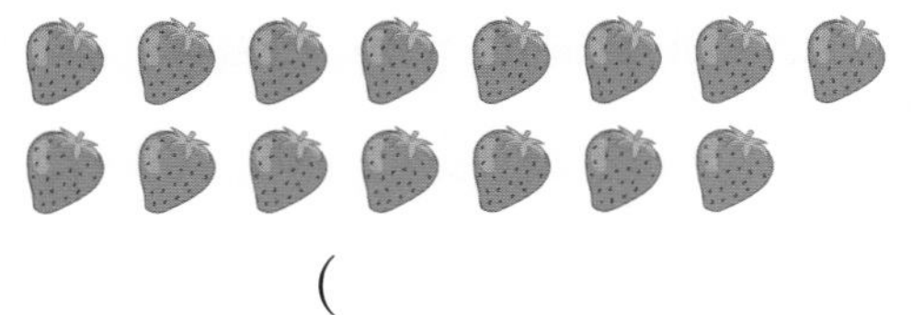

( )

**3-2** 모자는 모두 몇 개입니까?

( )

**4-1** 수를 순서대로 쓰려고 합니다. 빈 곳에 알맞은 수를 써넣으시오.

**4-2** 수를 순서대로 쓰려고 합니다. 빈 곳에 알맞은 수를 써넣으시오.

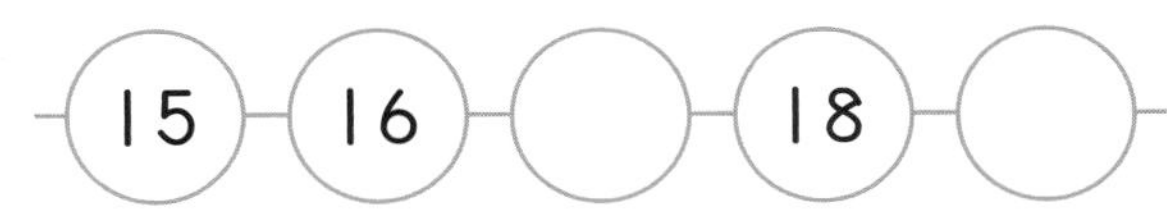

2주

### 핵심 예제 5

색종이 10장을 세어 묶었더니 4장이 남았습니다. 색종이는 모두 몇 장입니까?

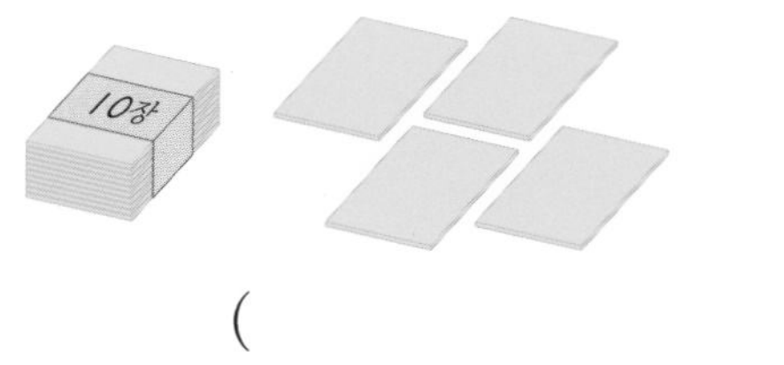


(　　　　　　　　)

전략

색종이는 10장씩 묶음이 1개, 낱개가 4장입니다.

풀이

색종이는 10장씩 묶음이 1개, 낱개가 4장입니다.
따라서 색종이는 14장입니다.

답 14장

### 핵심 예제 6

빈칸에 알맞은 수를 써넣으시오.

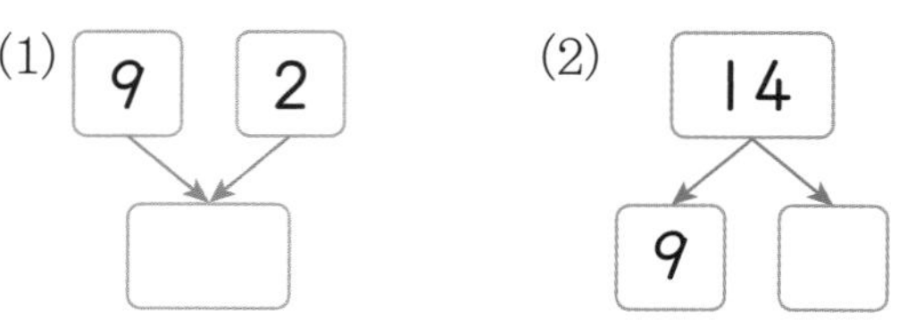


전략

(1) 9에서 2만큼 이어 셉니다.
(2) 14에서 9까지 거꾸로 셉니다.

풀이

(1) 9와 2를 모으기 하면 11입니다.
(2) 14는 9와 5로 가르기 할 수 있습니다.

답 (1) 11 (2) 5

**5-1** 장미 10송이를 세어 묶었더니 7송이가 남았습니다. 장미는 모두 몇 송이입니까?

(　　　　　　　　)

**5-2** 사과가 6개씩 담긴 상자가 두 개 있습니다. 상자에서 사과 10개를 꺼내면 상자에 남은 사과는 몇 개입니까?

(　　　　　　　　)

**6-1** 빈칸에 알맞은 수를 써넣으시오.

**6-2** 빈칸에 알맞은 수를 써넣으시오.

### 핵심 예제 7

모으기 하면 13이 되는 두 수를 찾아 ○표 하시오.

| 5 | 6 |
|---|---|
| 4 | 8 |

전략
13은 4와 9, 5와 8, 6과 7, ...로 가르기 할 수 있습니다.

풀이
5와 8을 모으기 하면 13이 됩니다.

답 5, 8에 ○표

**7-1** 모으기 하면 15가 되는 두 수를 찾아 ○표 하시오.

| 3 | 9 |
|---|---|
| 7 | 6 |

**7-2** 모으기 하면 14가 되는 두 수를 찾아 ○표 하시오.

| 4 | 8 |
|---|---|
| 6 | 9 |

### 핵심 예제 8

단추 14개를 접시 2개에 똑같이 나누었습니다. 접시 1개에 단추는 몇 개입니까?

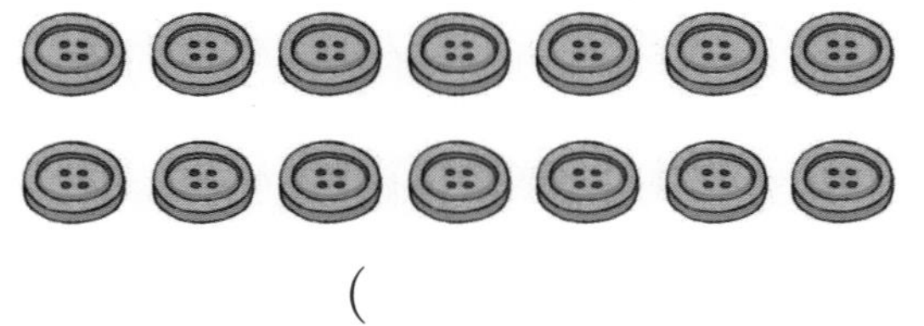

(　　　　　　　　)

전략
14를 같은 수로 가르기 합니다.

풀이
14는 7과 7로 가르기 할 수 있습니다.
따라서 단추 14개를 접시 2개에 똑같이 나누면 접시 1개에 단추는 7개입니다.

답 7개

2주

**8-1** 사탕 16개를 2명이 똑같이 나누어 가지려고 합니다. 한 사람이 가져야 할 사탕은 몇 개입니까?

(　　　　　　　　)

**8-2** 구슬 18개를 2명이 똑같이 나누어 가지려고 합니다. 한 사람이 가져야 할 구슬은 몇 개입니까?

(　　　　　　　　)

**01** 밑줄 친 수를 읽으시오.

(1) 누나는 10살입니다.

⇨ (　　　　　　) 살

(2) 사과가 15개입니다.

⇨ (　　　　　　) 개

Tip ①

10은 십 또는 ☐이라고 읽습니다.

15는 십오 또는 ☐이라고 읽습니다.

**02** 가리키는 수가 다른 것을 찾아 기호를 쓰시오.

㉠ 10
㉡ 8보다 2만큼 더 큰 수
㉢ 열하나

(　　　　　　)

Tip ②

8과 3을 모으기 하면 ☐입니다.

11은 십일 또는 ☐라고 읽습니다.

**03** 정수는 연필을 10자루씩 묶음 1개와 낱개 5자루를 가지고 있습니다. 진우는 연필을 2자루 가지고 있다면 두 사람이 가진 연필은 모두 몇 자루인지 구하시오.

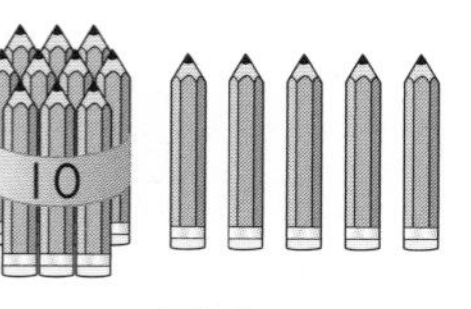


(　　　　　　)

Tip ③

두 사람이 가진 연필은 10자루씩 묶음 ☐개, 낱개 ☐자루입니다.

**04** 수 카드 4장이 수의 순서대로 놓이도록 빈 곳에 알맞은 수를 써넣으시오.

8

➡ ☐ ☐ ☐ ☐

Tip ④

가장 왼쪽에 있어야 하는 수는 ☐입니다.

가장 오른쪽에 있어야 하는 수는 ☐입니다.

답 Tip ① 열, 열다섯 ② 11, 열하나

답 Tip ③ 1, 7 ④ 8, 17

**05** 빨간색 구슬 9개, 파란색 구슬 8개가 있습니다. 이 구슬 중 10개를 상자에 담으면 남은 구슬은 몇 개입니까?

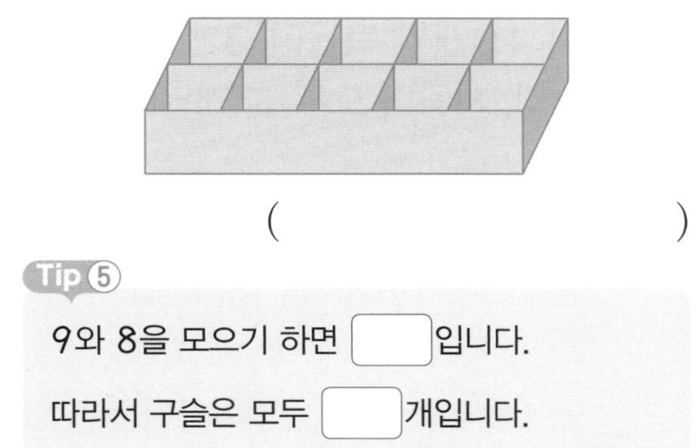

(                    )

**Tip ⑤**

9와 8을 모으기 하면 ☐입니다.

따라서 구슬은 모두 ☐개입니다.

**06** 건우가 설명하는 수를 쓰시오.

(                    )

**Tip ⑥**

건우가 설명하는 수는 10개씩 묶음이 ☐개,

낱개는 ☐개입니다.

**07** 명수는 사과를 6개, 재석이는 사과를 7개 땄습니다. 두 사람이 딴 사과 중 8개를 먹으면 남은 사과는 몇 개입니까?

(                    )

**Tip ⑦**

6과 7을 모으기 하면 ☐입니다.

따라서 두 사람이 딴 사과는 ☐개입니다.

**08** 구슬 15개를 형과 동생이 나누어 가지려고 합니다. 형이 구슬 6개를 가진다면 동생은 형보다 구슬을 몇 개 더 가지게 됩니까?

(                    )

**Tip ⑧**

15는 6과 ☐로 가르기 할 수 있습니다. 따라서 동생은 구슬 ☐개를 가집니다.

답 Tip ⑤ 17, 17 ⑥ 1, 1

답 Tip ⑦ 13, 13 ⑧ 9, 9

**핵심 예제 1**

10개씩 묶음의 수가 3인 수를 찾아 기호를 쓰시오.

㉠ 21 ㉡ 32 ㉢ 22

( )

전략

■▲는 10개씩 묶음이 ■개이고 낱개가 ▲개인 수입니다.

풀이

㉡ 32는 10개씩 묶음이 3개, 낱개가 2개이므로 10개씩 묶음의 수는 3입니다.

답 ㉡

**1-1** 10개씩 묶음의 수가 2인 수를 찾아 기호를 쓰시오.

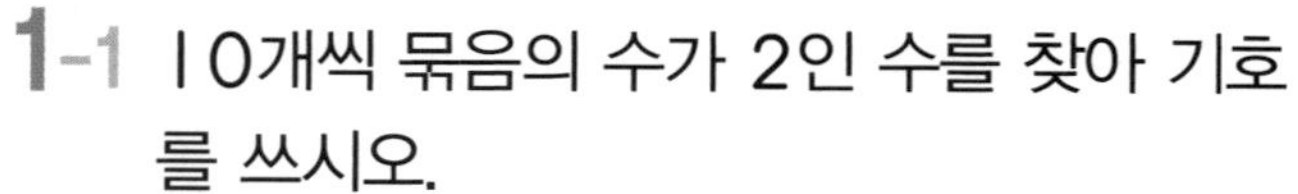


( )

**1-2** 10개씩 묶음의 수가 4인 수를 찾아 기호를 쓰시오.

㉠ 스물넷 ㉡ 마흔넷 ㉢ 삼십사

( )

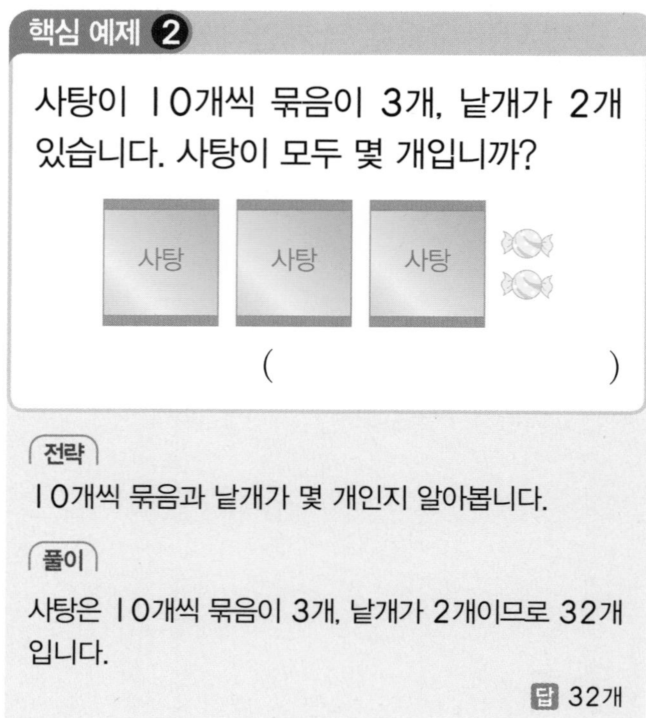


( )

전략

10개씩 묶음과 낱개가 몇 개인지 알아봅니다.

풀이

사탕은 10개씩 묶음이 3개, 낱개가 2개이므로 32개입니다.

답 32개

**2-1** 치즈가 10장씩 묶음이 2개, 낱개가 5장 있습니다. 치즈는 모두 몇 장입니까?

( )

**2-2** 주차장에 자동차가 10대씩 묶음이 4줄이고 3대가 더 있습니다. 주차장에 있는 자동차는 모두 몇 대입니까?

( )

≫ 정답과 풀이 33쪽

## 핵심 예제 3

귤은 10개씩 묶음 2개와 낱개 12개가 있습니다. 귤은 모두 몇 개입니까?

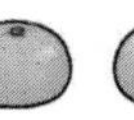

(　　　　　　　　)

전략
12는 10개씩 묶음이 1개, 낱개가 2개입니다.

풀이
귤은 10개씩 묶음이 2+1=3(개)이고 낱개가 2개이므로 모두 32개입니다.

답 32개

## 핵심 예제 4

복숭아가 20개 있습니다. 복숭아를 한 상자에 10개씩 담으면 상자는 몇 개입니까?

(　　　　　　　　)

전략
20은 10개씩 묶음이 2개입니다.

풀이
20은 10개씩 묶음이 2개입니다.
⇨ 복숭아 20개를 한 상자에 10개씩 담으면 상자는 2개입니다.

답 2개

2주

**3-1** 귤은 10개씩 묶음 1개와 낱개 13개가 있습니다. 귤은 몇 개입니까?

(　　　　　　　　)

**3-2** 귤은 10개씩 묶음 2개와 낱개 27개가 있습니다. 귤은 몇 개입니까?

(　　　　　　　　)

**4-1** 복숭아가 40개 있습니다. 복숭아를 한 상자에 10개씩 담으면 상자는 몇 개입니까?

(　　　　　　　　)

**4-2** 복숭아가 50개 있습니다. 복숭아를 한 상자에 10개씩 담으면 상자는 몇 개입니까?

(　　　　　　　　)

**핵심 예제 5**

빈 곳에 작은 수부터 차례로 써넣으시오.

| 32 | 31 | 33 | 30 | 34 |
|---|---|---|---|---|

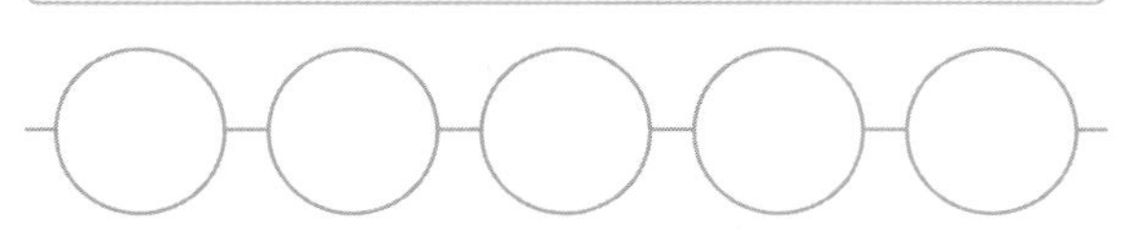

전략

가장 작은 수를 찾고 1씩 커지도록 씁니다.

풀이

10개씩 묶음의 수가 3으로 같으므로 낱개의 수를 비교하면 0이 가장 작습니다.
따라서 30부터 1씩 커지도록 씁니다.

답 30, 31, 32, 33, 34

**5-1** 빈 곳에 작은 수부터 차례로 써넣으시오.

| 43 | 46 | 44 | 45 | 47 |
|---|---|---|---|---|

○-○-○-○-○

**5-2** 빈 곳에 작은 수부터 차례로 써넣으시오.

| 38 | 40 | 39 | 41 | 42 |
|---|---|---|---|---|

○-○-○-○-○

**핵심 예제 6**

언니는 11살, 아빠는 45살, 삼촌은 50살입니다. 나이가 가장 많은 사람은 누구인지 쓰시오.

( )

전략

11, 45, 50의 크기를 비교합니다.

풀이

11, 45, 50의 10개씩 묶음의 수를 비교하면 5가 가장 크므로 50이 가장 큽니다.
따라서 나이가 가장 많은 사람은 삼촌입니다.

답 삼촌

**6-1** 퀴즈 대회에서 경수는 39점, 백현이는 41점, 세훈이는 24점을 맞았습니다. 점수가 가장 높은 사람은 누구인지 쓰시오.

( )

**6-2** 오늘 과수원에서 딴 사과는 30개, 복숭아는 24개, 귤은 20개입니다. 오늘 가장 적게 딴 과일은 무엇인지 쓰시오.

( )

**핵심 예제 7**

조건에 알맞은 수를 구하시오.

- 25와 28 사이의 수입니다.
- 10개씩 묶으면 낱개가 7입니다.

(　　　　　　　　)

전략

25와 28 사이의 수에 25와 28은 들어가지 않습니다.

풀이

25와 28 사이의 수는 26, 27입니다.
⇨ 10개씩 묶으면 낱개가 7인 수는 27입니다.

답 27

**핵심 예제 8**

다음 수 카드 2장을 한 번씩만 사용하여 몇십몇을 만들려고 합니다. 만들 수 있는 수 중 더 큰 수를 쓰시오.

(　　　　　　　　)

전략

수 카드를 사용하여 24, 42를 만들 수 있습니다.

풀이

24와 42의 10개씩 묶음의 수를 비교하면 4가 2보다 크므로 42가 더 큽니다.

답 42

**7-1** 조건에 알맞은 수를 구하시오.

- 30보다 크고 40보다 작습니다.
- 10개씩 묶음의 수와 낱개의 수가 같습니다.

(　　　　　　　　)

**7-2** 조건에 알맞은 수를 모두 구하시오.

- 10개씩 묶음 4개와 낱개 7개인 수보다 큽니다.
- 50보다 작습니다.

(　　　　　　　　)

**8-1** 다음 수 카드 2장을 한 번씩만 사용하여 몇십몇을 만들려고 합니다. 만들 수 있는 수 중 더 큰 수를 쓰시오.

(　　　　　　　　)

**8-2** 다음 수 카드 중 2장을 뽑아 한 번씩만 사용하여 몇십몇을 만들려고 합니다. 만들 수 있는 수 중 가장 큰 수를 쓰시오.

(　　　　　　　　)

2주

**01** 진수는 [cube]을 38개 가지고 있습니다. 다음 모양을 몇 개 만들 수 있는지 구하시오.

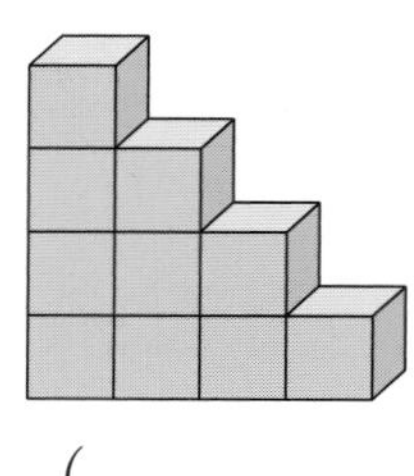

(　　　　　　　　　　)

Tip ①
위 모양을 1개 만드는 데 [cube]이 □개 필요합니다. 진수가 가지고 있는 [cube]은 □개입니다.

**02** 윤성이네 반 학생은 모두 30명입니다. 안경을 쓴 학생이 10명일 때 안경을 쓰지 않은 학생은 몇 명인지 구하시오.

(　　　　　　　　　　)

Tip ②
윤성이네 반 학생을 10명씩 묶어 세면 □묶음입니다. 이 중 안경을 쓴 학생은 10명씩 □묶음입니다.

답 Tip ① 10, 38 ② 3, 1

**03** 43에 대해 잘못 설명한 사람은 누구인지 쓰시오.

> 우진: 10개씩 묶음이 4개, 낱개는 3개야.
> 헌수: 30보다 크고 34보다는 작아.
> 유미: 44보다 1만큼 더 작은 수야.

(　　　　　　　　　　)

Tip ③
수를 순서대로 쓰면 바로 앞의 수는 □만큼 더 □ 수입니다.

**04** 과일 가게에 배가 48개 있습니다. 배를 10개씩 담은 상자를 5개 만들려면 배가 몇 개 더 필요한지 구하시오.

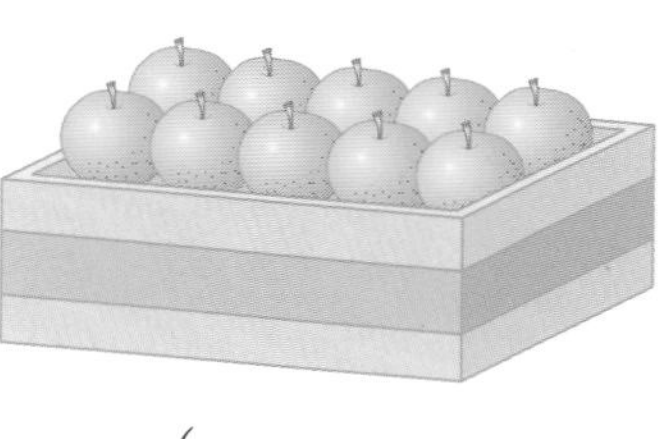

(　　　　　　　　　　)

Tip ④
배 48개는 10개씩 □상자이고 □개가 남습니다.

답 Tip ③ 1, 작은 ④ 4, 8

**05** 혜지네 마을에 축제는 21일부터 24일까지 열리고 바자회는 23일부터 26일까지 열립니다. 축제와 바자회가 동시에 열리는 날을 모두 쓰시오.

( )

Tip ⑤

축제는 21일, 22일, ☐일, ☐일에 열립니다.

**06** 1부터 50까지 번호가 하나씩 쓰여 있는 자전거 50대가 순서대로 서 있습니다. 38번과 43번 자전거 사이에는 자전거가 몇 대 있습니까?

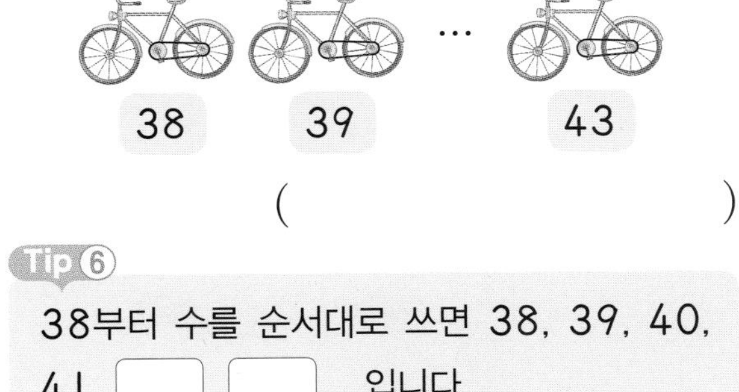


( )

Tip ⑥

38부터 수를 순서대로 쓰면 38, 39, 40, 41, ☐, ☐, ...입니다.

답 Tip ⑤ 23, 24 ⑥ 42, 43

**07** 다음 중 가장 작은 수를 두 가지 방법으로 읽으시오.

| 37 | 30 | 29 | 22 |
|---|---|---|---|

( , )

Tip ⑦

가장 큰 수는 10개씩 묶음이 ☐개, 낱개가 ☐개입니다.

**08** 35보다 큰 수를 모두 찾아 색칠하시오.

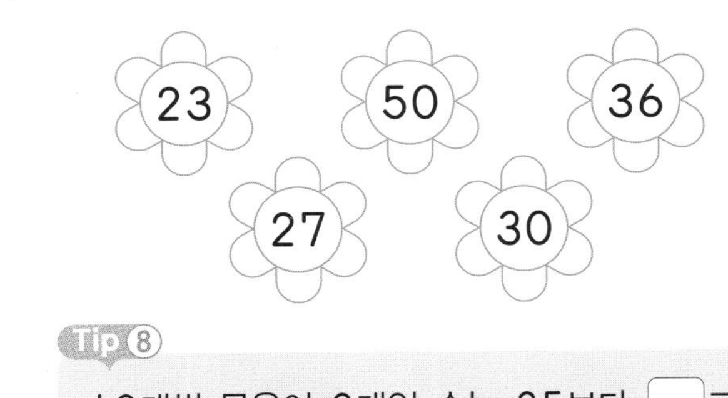


Tip ⑧

10개씩 묶음이 2개인 수는 35보다 ☐고
10개씩 묶음이 5개인 수는 35보다 ☐니다.

답 Tip ⑦ 3, 7 ⑧ 작, 큽

2주

**01** 빈칸에 알맞은 수를 써넣으시오.

(1) 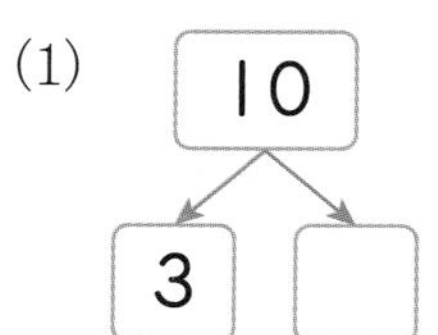


(2) 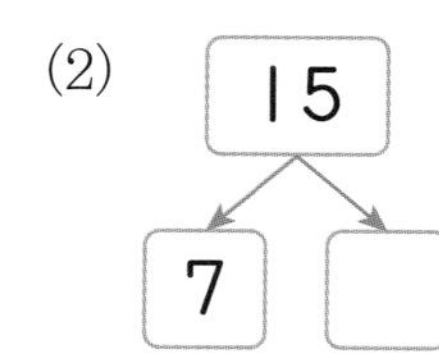


**02** 나비는 모두 몇 마리인지 쓰시오.

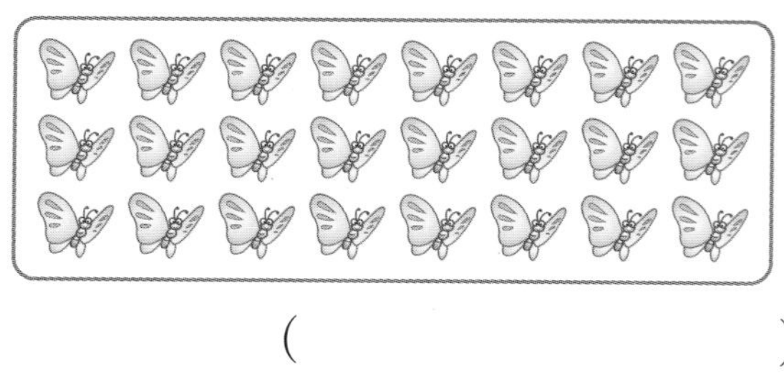

( )

**03** 민선이는 구슬 50개를 10개씩 꿰어 팔찌를 만들려고 합니다. 팔찌는 모두 몇 개 만들 수 있습니까?

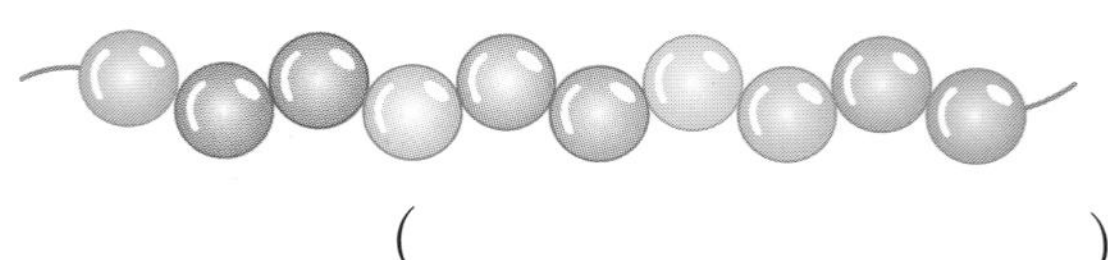

( )

**04** 모으기 하면 12가 되는 수끼리 이으시오.

| | | |
|---|---|---|
| 4 · | | · 6 |
| 6 · | | · 8 |
| | | · 10 |

**05** 10개씩 묶음의 수가 3인 수를 찾아 색칠하시오.

**06** 밤을 10개씩 담은 봉지가 2개이고 봉지에 담지 않은 밤이 15개 있습니다. 밤은 모두 몇 개입니까?

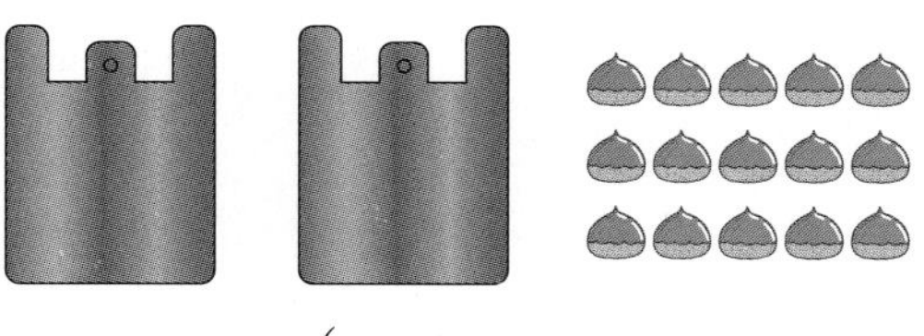

(                    )

**07** 세 사람이 두더지 게임을 하고 있습니다. 윤호는 30점, 상우는 32점, 민주는 28점일 때 점수가 가장 낮은 사람은 누구인지 쓰시오.

(                    )

**08** 붙임딱지를 창호는 25장 모았고 민상이는 10장씩 묶음 2개와 낱개 8장 모았습니다. 붙임딱지를 더 많이 모은 사람은 누구인지 쓰시오.

(                    )

**09** 수 카드 중 2장을 골라 한 번씩만 사용하여 몇십 또는 몇십몇을 만들려고 합니다. 만들 수 있는 수 중 가장 큰 수를 쓰시오.

(                    )

**10** 수를 순서대로 쓴 종이의 일부분이 찢어졌습니다. 빈칸에 알맞은 수를 써넣으시오.

| 21 | 22 | 23 | 24 | 25 | |
|---|---|---|---|---|---|
| 31 | | | 34 | | |

2주

# 2주 창의·융합·코딩 전략



**01** 건우가 텃밭에 있는 의 수를 설명하고 있습니다. 1부터 9까지의 수 중에서 ☐ 안에 알맞은 수를 써넣으시오.

건우

- 10개씩 묶음이 2개, 낱개가 ☐개입니다.
- 2☐보다 작습니다.

**Tip ①**

의 수는 ☐입니다.

28은 30보다 ☐니다.

**02** 은지와 연우가 단팥빵을 만들었습니다. ☐ 안에 알맞은 수를 써넣으시오.

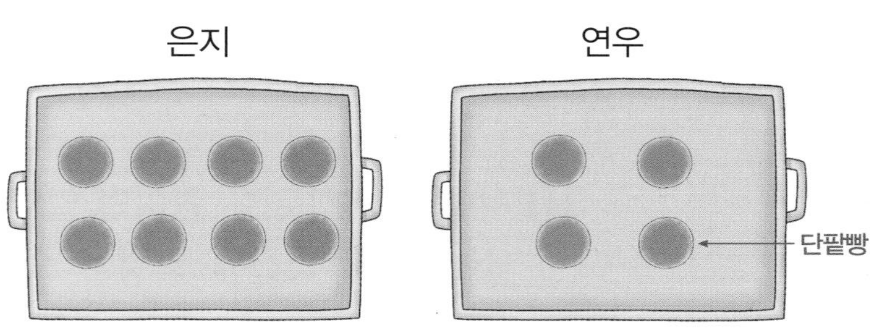


은지가 연우에게 단팥빵 ☐개를 주면

단팥빵의 수가 같아집니다.

**Tip ②**

8과 4를 모으기 하면 ☐입니다.

12를 똑같은 수로 ☐기 합니다.

답 Tip ① 28, 작습 ② 12, 가르

**03** 태오와 영우가 수학 문제를 풀었습니다. 오늘 더 많은 문제를 푼 학생은 누구입니까?

오늘은 28번부터 31번 문제까지 풀었어.

나는 20번부터 24번 문제까지 풀었어.

태오 영우

( )

**Tip ③**

태오가 푼 문제는 28번, 29번, □번, 31번으로 □문제입니다.

**04** 보물 상자를 열려면 비밀번호를 찾아야 합니다. 〈힌트〉를 보고 보물 상자의 비밀번호를 쓰시오.

〈힌트〉

- 삼십팔보다 크고 사십오보다 작습니다.
- 10개씩 묶으면 낱개가 1입니다.

( )

**Tip ④**

삼십팔을 수로 쓰면 □이고 사십오를 수로 쓰면 □입니다.

2주

답 Tip ③ 30, 4 ④ 38, 45

**05** 우주선은 같은 수가 쓰여 있는 행성에 도착합니다. ☐ 안에 알맞은 수를 써넣으시오.

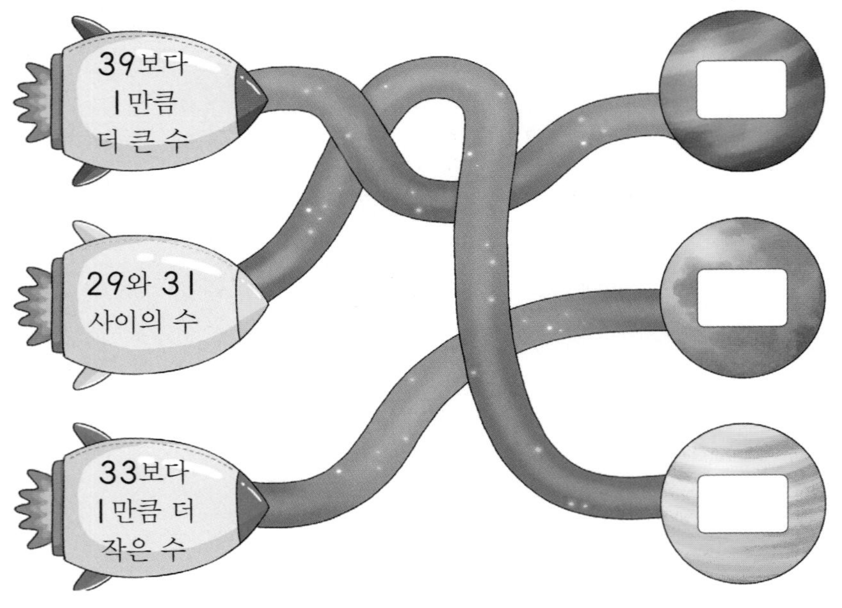


> **Tip ⑤**
> 39보다 1만큼 더 큰 수는 10개씩 묶음이 ☐개인 수이고 사십 또는 ☐이라고 읽습니다.

**06** 1부터 9까지의 수를 로마 숫자로 나타낸 것입니다. 빈칸에 알맞은 수를 써넣으시오.

| 1 | 2 | 3 | 4 | 5 | 6 | 7 | 8 | 9 |
|---|---|---|---|---|---|---|---|---|
| Ⅰ | Ⅱ | Ⅲ | Ⅳ | Ⅴ | Ⅵ | Ⅶ | Ⅷ | Ⅸ |

(1) Ⅴ Ⅶ → ☐

(2)
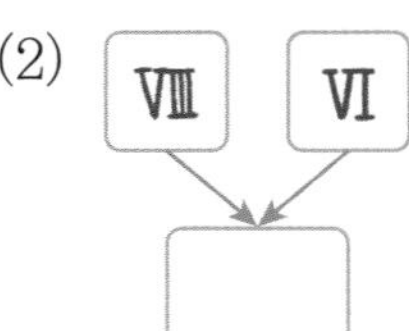


> **Tip ⑥**
> Ⅴ는 ☐를 나타내고 Ⅶ은 ☐을 나타냅니다.

답 Tip ⑤ 4, 마흔 ⑥ 5, 7

**07** 풍선에 쓰인 수 중에 둘째로 큰 수는 무엇인지 쓰시오.

( )

**Tip ⑦**

10개씩 묶음의 수를 비교하면 □가 가장 큽니다.

따라서 가장 큰 수는 □입니다.

**08** 32를 입력하면 출력되어 나오는 결과를 쓰시오.

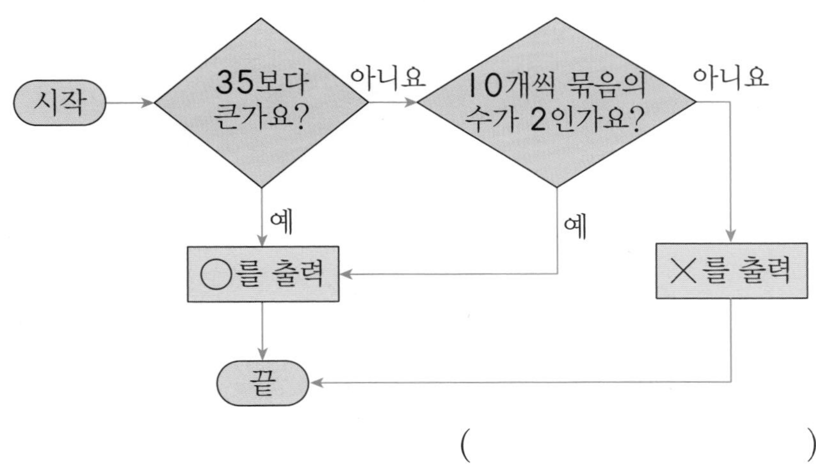


( )

**Tip ⑧**

32는 10개씩 묶음이 □개, 낱개는 □개입니다.



답 Tip ⑦ 4, 43 ⑧ 3, 2

# 1,2주 마무리 전략

## 핵심 한눈에 보기

우와~ 사과를 몇 개 딴 거야?
하나, 둘, 셋, ..., 서른넷! 삼십사 개나 땄어!
과수원
10개씩 묶음 3개, 낱개 4개니까 34개가 맞네!
너는 몇 개를 땄어?
나는 41개를 땄지!
누가 사과를 더 많이 딴 거야?
41과 34를 비교하면 되지.
10개씩 묶음의 수를 비교하면 4가 3보다 크니까 41이 34보다 커.
41 > 34
4 > 3
조금 더 열심히 딸걸.

# 신유형·신경향·서술형 전략



**01** 다음 모양을 여러 방향에서 보았을 때 보일 수 없는 모양을 찾으시오.

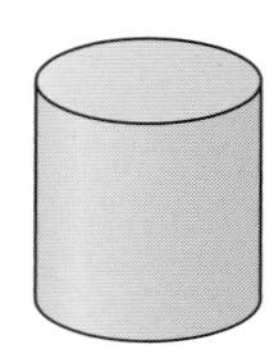

㉠  ㉡ 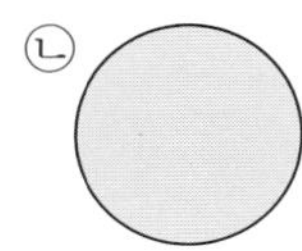 ㉢ 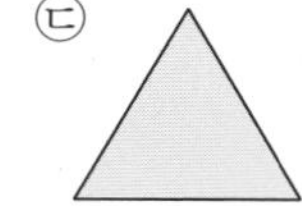

(1) 모양을 위에서 본 모양을 찾아 기호를 쓰시오.

( )

(2) 모양을 옆에서 본 모양을 찾아 기호를 쓰시오.

( )

(3) 모양을 여러 방향에서 보았을 때 보일 수 없는 모양을 찾아 기호를 쓰시오.

( )

**Tip ①**

모양을 위에서 본 모양은 둥근 부분이 ☐습니다. 모양을 옆에서 본 모양은 뾰족한 부분이 ☐군데입니다.

**02** 지훈이와 승호가 모양의 일부분이 와 같은 물건만 모으기로 했습니다. 바르게 찾은 사람은 누구인지 쓰시오.

지훈
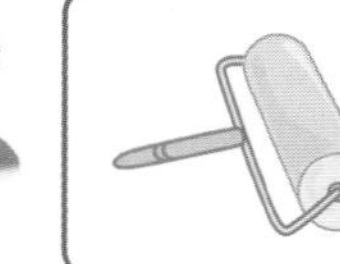 

승호
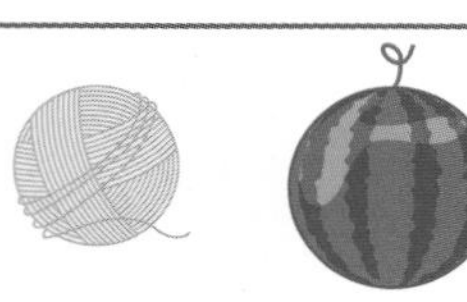

(1) 지훈이와 승호가 모으기로 한 모양을 찾아 ○표 하시오.

( ,  ,  )

(2) 모양의 일부분이 와 같은 물건을 바르게 찾은 사람은 누구입니까?

( )

**Tip ②**

모양의 일부분이 모양인 물건은 둥근 부분이 ☐고 쌓을 수 ☐습니다.

답 Tip ① 있, 4

답 Tip ② 있, 없

» 정답과 풀이 37쪽

**03** 진영이와 재희가 같은 크기의 색종이를 한 장씩 가지고 있습니다. 점선을 따라 오렸을 때 생기는 가장 넓은 조각을 비교하면 누구의 것이 더 넓은지 쓰시오.

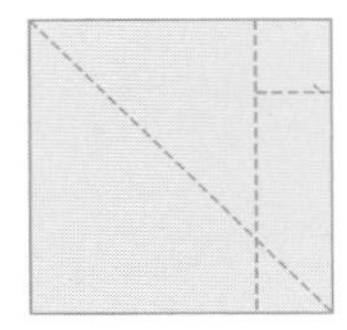

진영　　　재희

(1) 두 사람이 색종이를 점선을 따라 오렸을 때 생기는 가장 넓은 조각을 각각 찾아 ○표 하시오.

(2) 점선을 따라 오렸을 때 생기는 가장 넓은 조각을 비교하면 누구의 것이 더 넓은지 쓰시오.

(　　　　　　　　)

**Tip ③**
두 조각을 포개었을 때 남는 부분이 있는 것이 더 □습니다. 두 조각을 포개었을 때 남는 부분이 없는 것이 더 □습니다.

답 Tip ③ 넓, 좁

**04** 다음과 같이 두 종류의 페트병에 물을 가득 담아 주전자에 부었더니 주전자가 가득 찼습니다. 담을 수 있는 양이 더 많은 주전자를 찾으시오.

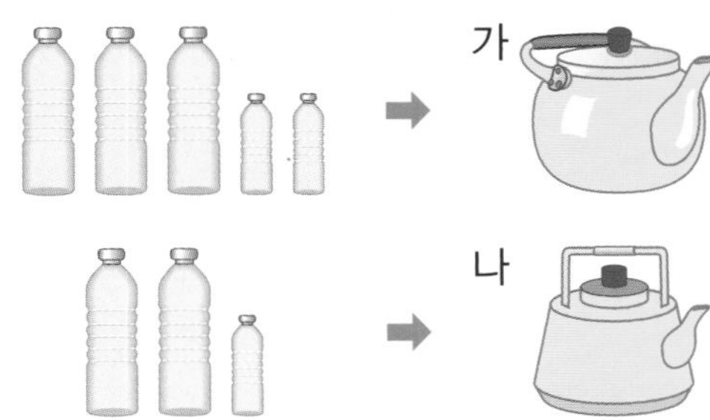


(1) 가 주전자가 담을 수 있는 양을 알아보시오.

큰 페트병 □개, 작은 페트병 □개

(2) 나 주전자가 담을 수 있는 양을 알아보시오.

큰 페트병 □개, 작은 페트병 □개

(3) 담을 수 있는 양이 더 많은 주전자를 쓰시오.

(　　　　　　　　)

**Tip ④**
큰 페트병의 수를 비교하면 가가 나보다 많습니다.
작은 페트병의 수를 비교하면 □가 □보다 많습니다.

답 Tip ④ 가, 나

05 10개씩 묶음의 수를 나타내는 빨간색 카드와 낱개의 수를 나타내는 노란색 카드를 1개씩 뽑아서 수를 만들려고 합니다. 만들 수 있는 수 중에서 가장 큰 수를 구하시오.

(1) [1]을 뽑았을 때 만들 수 있는 수를 모두 쓰시오.

(　　　　　　　　　　)

(2) [4]를 뽑았을 때 만들 수 있는 수를 모두 쓰시오.

(　　　　　　　　　　)

(3) 만들 수 있는 수 중에서 가장 큰 수를 쓰시오.

(　　　　　　　　　　)

Tip ⑤

[1]과 [5]를 뽑으면 10개씩 묶음이 1개이고 낱개가 □개인 □를 만듭니다.

답 Tip ⑤ 5, 15

06 ■ 안에는 모두 같은 수가 들어갑니다. ■ 안에 들어갈 수 있는 수를 모두 구하시오.

- ■는 14보다 큽니다.
- ■는 19보다 작습니다.
- ■는 16보다 큽니다.

(1) 14보다 큰 수를 가장 작은 수부터 차례로 쓰면 15, 16, 17, □, □, □, ...입니다.

(2) (1)에서 구한 수 중에 19보다 작은 수를 가장 작은 수부터 차례로 쓰면 15, 16, □, □입니다.

(3) (2)에서 구한 수 중에서 16보다 큰 수를 작은 수부터 쓰면 □, □입니다.
따라서 ■ 안에 들어갈 수 있는 수는 □, □입니다.

Tip ⑥

■ 안에 들어갈 수 있는 수는 14보다 크고, 19보다 □고 16보다 □니다.

답 Tip ⑥ 작, 큽

>> 정답과 풀이 37쪽

**07** 두 수를 넣으면 조건에 맞는 수가 나오는 상자가 있습니다. 빈 곳에 알맞은 수를 써넣으시오.

(1)

22 41

30보다 작은 수

(2)

**Tip ⑦**

(2) 40은 낱개의 수가 ☐이고 35는 낱개의 수가 ☐입니다.

답 Tip ⑦ 0, 5

**08** 규칙에 따라 한 칸 움직일 때마다 수가 커집니다. 9부터 출발하여 도착할 때의 수를 구하시오.

**규칙**

⇨: 오른쪽으로 한 칸 이동하고 10개씩 묶음이 1만큼 더 커집니다.

⇩: 아래쪽으로 한 칸 이동하고 1만큼 더 커집니다.

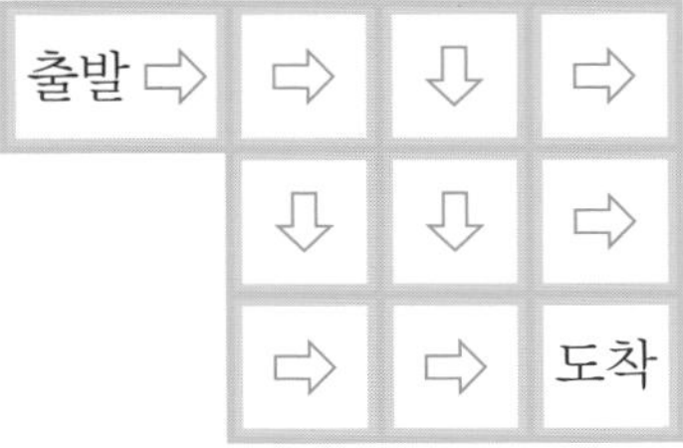


(1) '출발'부터 '도착'까지 화살표 방향으로 움직이며 선으로 표시하시오.

(2) 9부터 출발하여 도착할 때의 수를 구하시오.

( )

**Tip ⑧**

7부터 출발하면 7 ⇨ 17 ⇨ ☐ ⇩ ☐ 입니다.

답 Tip ⑧ 27, 28

# 고난도 해결 전략 1회



**01** 두 사람이 모두 가지고 있는 모양을 찾아 ○표 하시오.

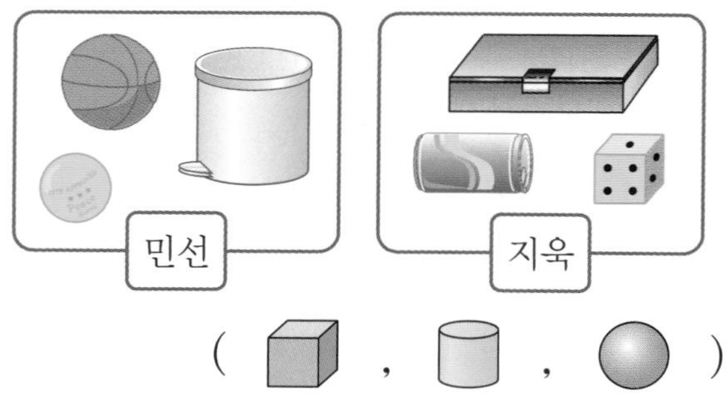


( [상자 모양] , [원기둥 모양] , [공 모양] )

**02** [상자 모양] 모양은 모두 몇 개인지 쓰시오.

㉠ ㉡ ㉢
㉣ ㉤ ㉥

( )

**03** 똑같은 용수철에 구슬을 매달았습니다. 가장 무거운 구슬을 찾아 기호를 쓰시오.

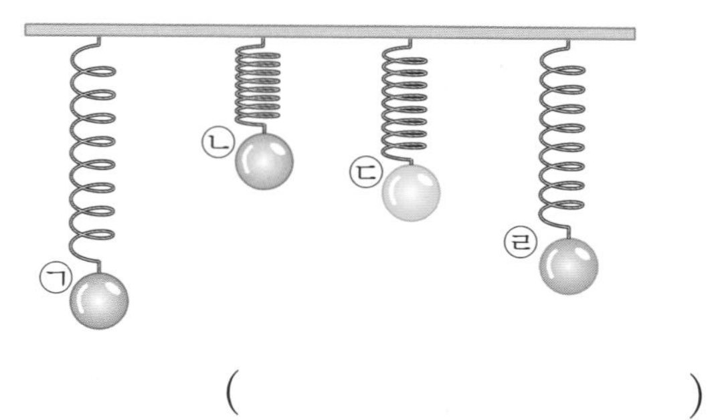


( )

**04** 가장 짧은 물건을 찾아 ×표 하시오.

( )

( )

( )

05 같은 모양끼리 모았을 때 2개인 모양을 찾아 ○표 하시오.

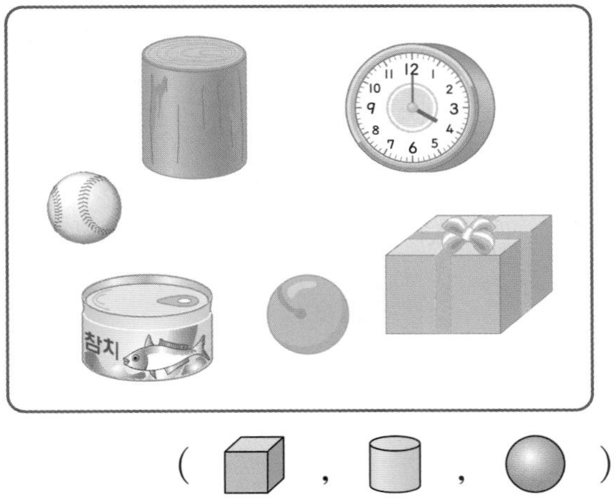


( □ , □ , ○ )

06 다음 모양을 만드는 데 필요하지 않은 모양을 찾아 ○표 하시오.

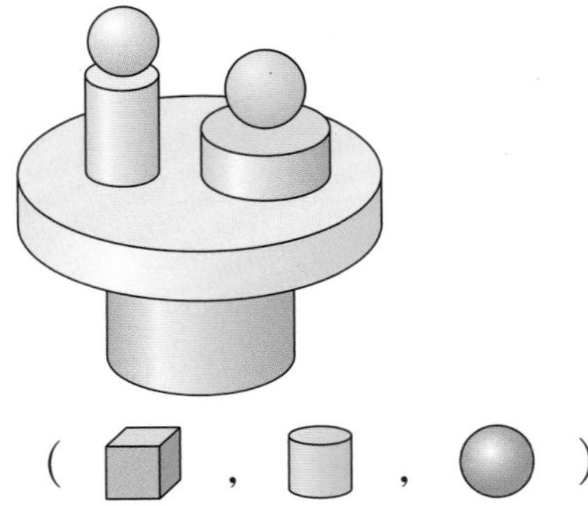

( □ , □ , ○ )

07 현지, 원희, 경아 중 키가 가장 작은 사람을 쓰시오.

- 원희는 경아보다 키가 더 큽니다.
- 현지는 경아보다 키가 더 작습니다.

(　　　　　　　　)

08 설명하는 모양의 물건을 모두 찾아 기호를 쓰시오.

- 모든 부분이 다 둥급니다.
- 잘 쌓을 수 없습니다.

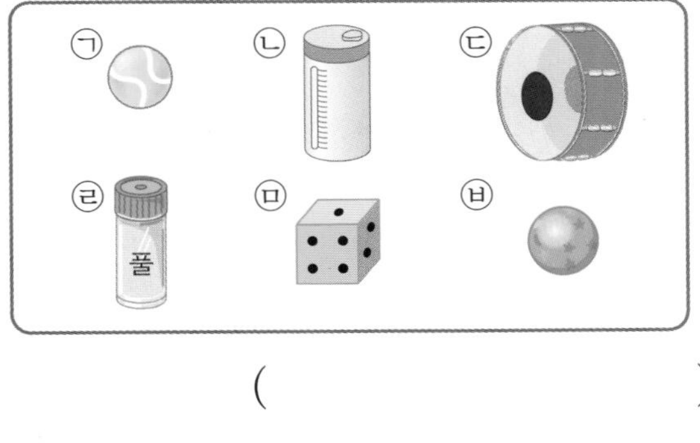


(　　　　　　　　)

**09** 오른쪽에 보이는 모양과 같은 모양의 물건은 모두 몇 개인지 쓰시오.

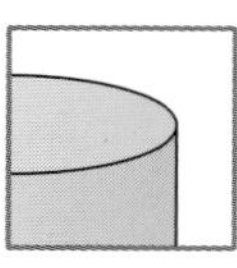

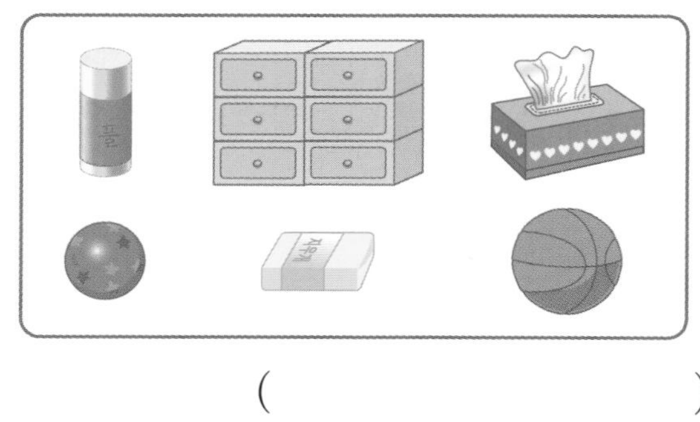

( )

**10** 주전자와 냄비에 각각 물을 가득 담은 후 똑같은 컵에 가득 채워 따랐더니 다음과 같았습니다. ☐ 안에 알맞은 말을 써넣으시오.

담을 수 있는 양은 ☐가 ☐보다 더 많습니다.

**11** 같은 크기의 ☐ 모양 색종이를 겹치지 않게 이어 붙여 모자 모양을 만들었습니다. 넓이가 더 넓은 것을 찾아 ○표 하시오.

( ) ( )

**12** 빨간색 종이, 노란색 종이, 파란색 종이의 넓이를 2장씩 비교했더니 다음과 같았습니다. 넓이가 가장 좁은 종이의 색깔을 쓰시오.

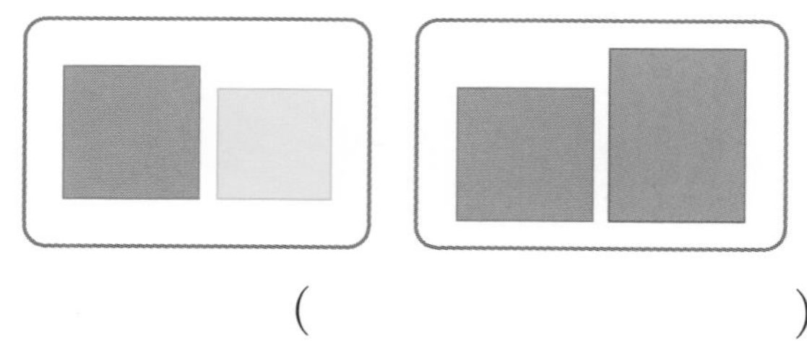

( )

**13** 모양 2개, 모양 3개, 모양 2개를 사용하여 만든 모양을 찾아 ○표 하시오.

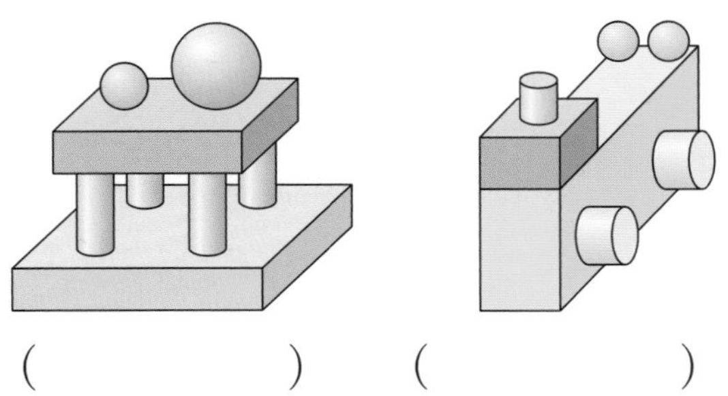

( ) ( )

**14** 진수는 모양 4개, 모양 4개, 모양 4개를 가지고 있습니다. 진수가 다음 모양을 만들고 남은 모양을 찾아 ○표 하시오.

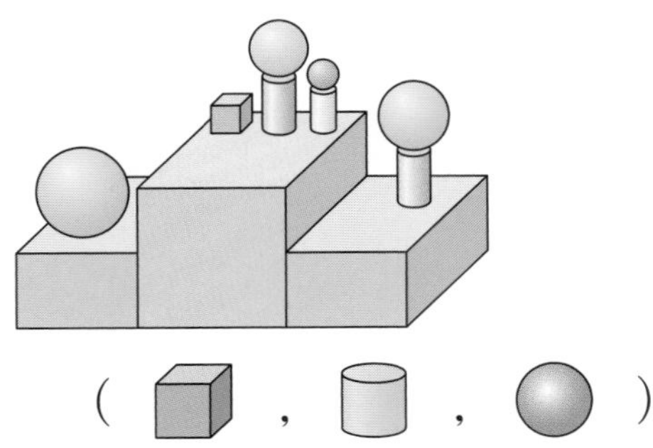

( , , )

**15** 컵에 물을 가득 채운 다음 어항에 물을 부었습니다. 컵 ㉠으로는 6번, 컵 ㉡으로는 9번 부었더니 어항에 물이 가득 찼습니다. ㉠과 ㉡ 중 어느 컵에 물을 더 많이 담을 수 있습니까?

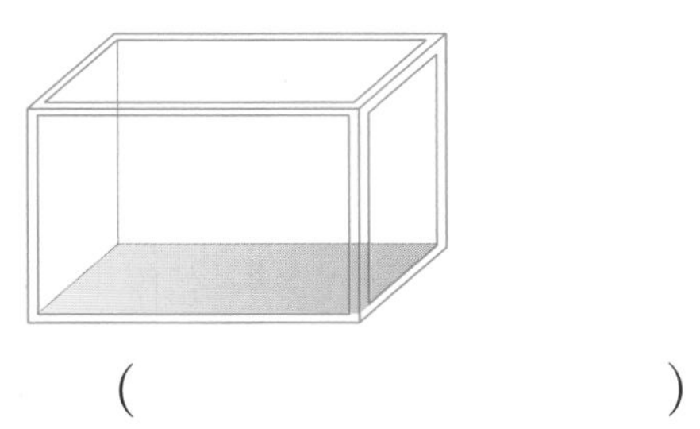

( )

**16** 구슬 가, 나, 다, 라가 있습니다. 무게가 같은 구슬 2개를 찾아 기호를 쓰시오.

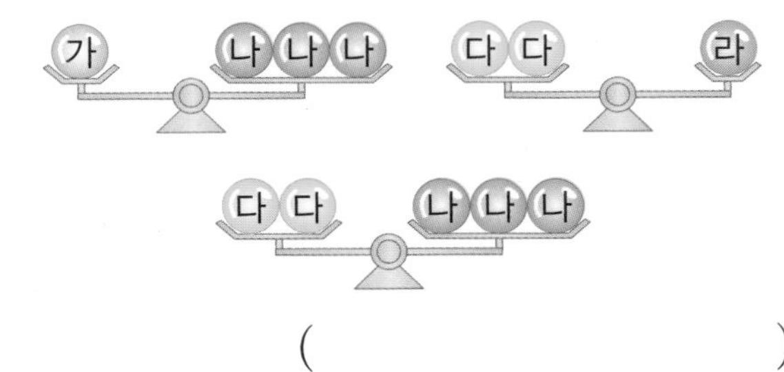


( )

# 고난도 해결 전략 2회



**01** 학생들이 같은 수를 설명하고 있습니다. ☐ 안에 알맞은 수를 써넣으시오.

> 아인: 이 수는 십삼이라고 읽어.
> 민주: 수로 쓰면 ☐이야.
> 연우: 10개씩 묶음이 ☐개, 낱개가 ☐개인 수야.

**02** 수 카드 4장을 가장 큰 수부터 순서대로 나열하시오.

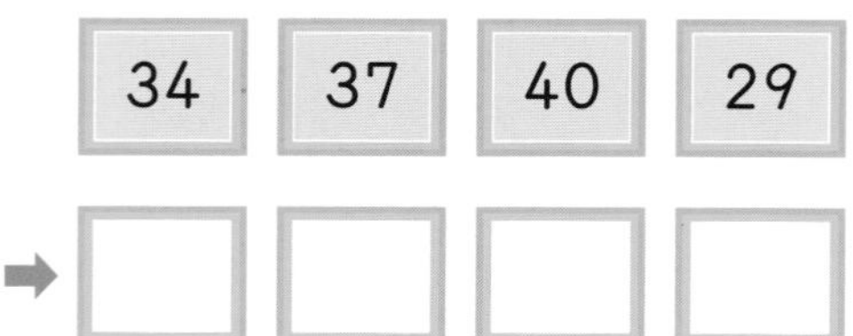


**03** 은지는 공책을 7권 가지고 있고 진수는 공책을 8권 가지고 있습니다. 두 사람이 가진 공책은 모두 몇 권인지 구하시오.

공책

(　　　　　　　　)

**04** 32보다 작은 수는 모두 몇 개인지 쓰시오.

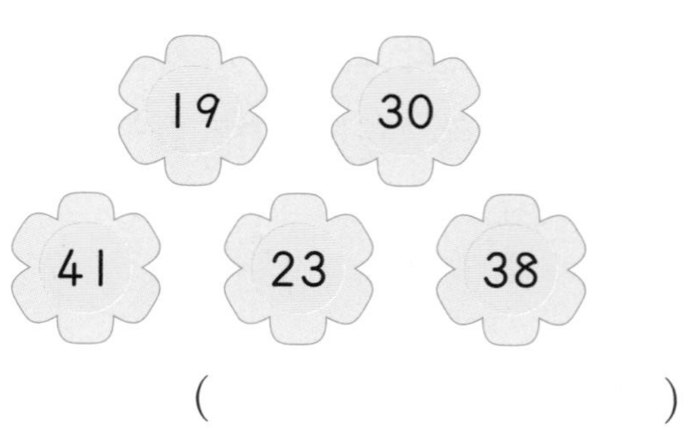


(　　　　　　　　)

>> 정답과 풀이 41쪽

**05** 학급 문고에 있는 위인전은 34권, 과학책은 28권, 동화책은 40권입니다. 가장 많이 있는 책의 수를 두 가지 방법으로 읽으시오.

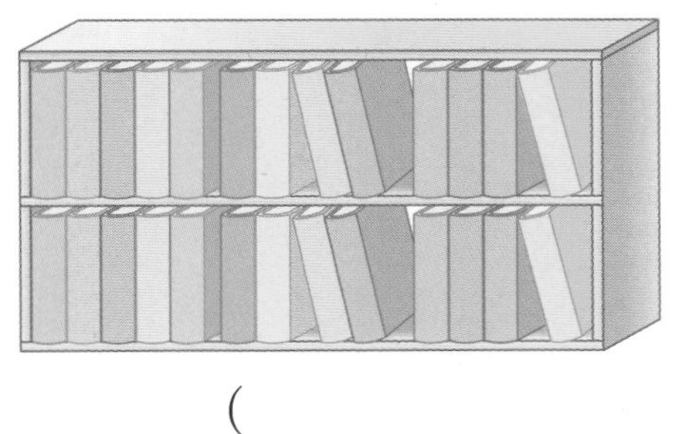

( )

**06** 나은이가 설명하는 수를 쓰시오.

28보다 크고 33보다 작습니다.
10개씩 묶음의 수가
낱개의 수보다 작습니다.

( )

**07** 민호는 사과를 5개, 태민이는 사과를 9개 땄습니다. 두 사람이 딴 사과를 똑같이 나누어 가지려면 한 사람이 사과를 몇 개씩 가지면 됩니까?

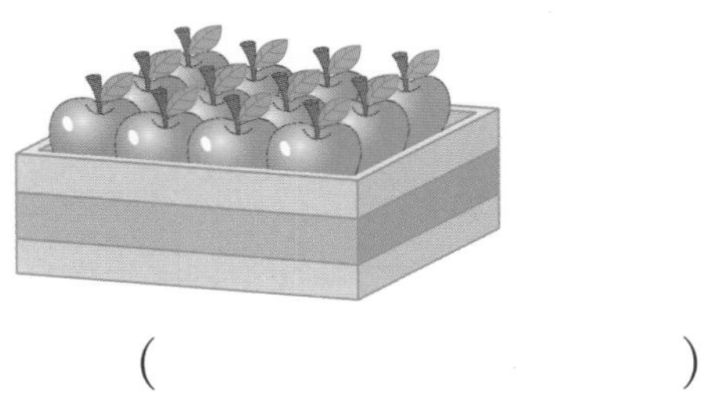

( )

**08** 사탕은 10개씩 묶음이 3개이고 낱개가 13개입니다. 사탕은 모두 몇 개입니까?

( )

**09** 선호는 을 47개 가지고 있습니다. 다음 모양을 5개 만들려면 은 몇 개 더 필요한지 쓰시오.

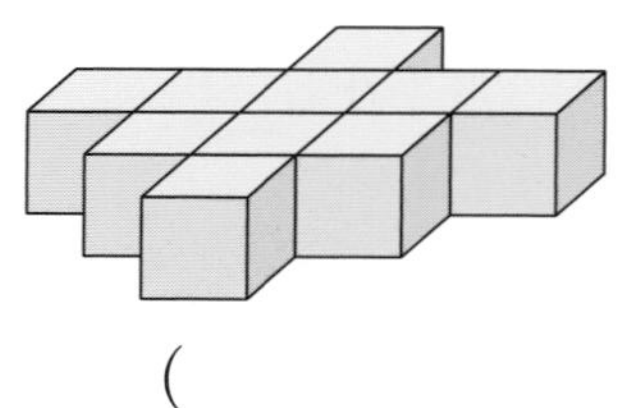

(　　　　　　　　　　)

**10** 성훈이네 반에서 우유를 마시는 학생은 모두 20명이고 우유를 마시지 않는 학생은 10명입니다. 성훈이네 반 학생은 모두 몇 명인지 구하시오.

(　　　　　　　　　　)

**11** 세 장의 수 카드 중 2장을 골라 한 번씩 사용하여 몇십몇을 만들려고 합니다. 만들 수 있는 수 중 25보다 크고 30보다 작은 수를 구하시오.

1　2　6

(　　　　　　　　　　)

**12** 대화를 읽고 두 사람이 모두 도서관에 간 날짜를 모두 쓰시오.

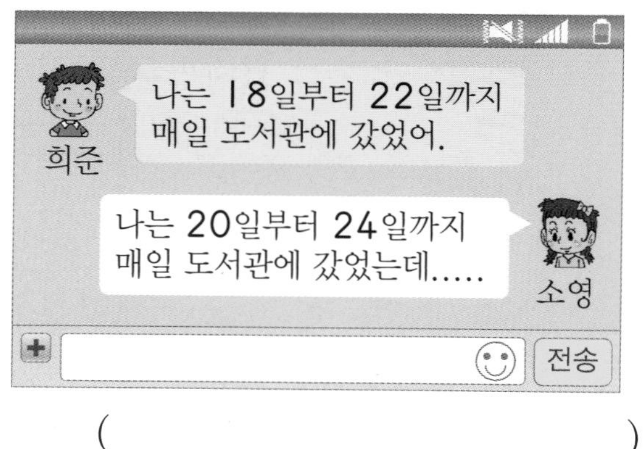


(　　　　　　　　　　)

**13** 0부터 9까지의 수 중에서 □ 안에 들어갈 수 있는 수는 모두 몇 개인지 구하시오.

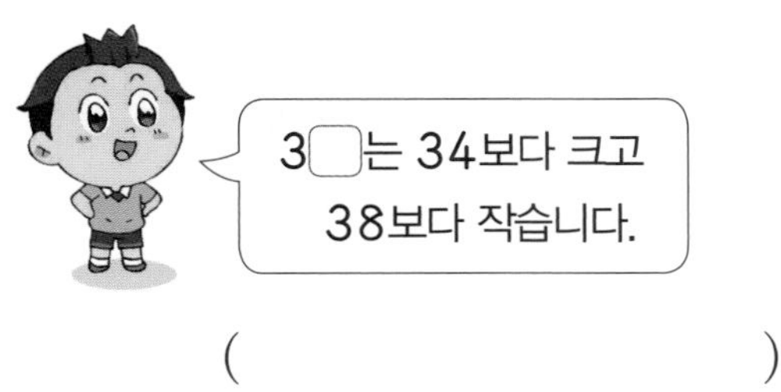


(　　　　　　　　　　)

**14** ○ 안의 두 수의 차가 □ 안의 수가 되도록 빈 곳에 알맞은 수를 써넣으시오.

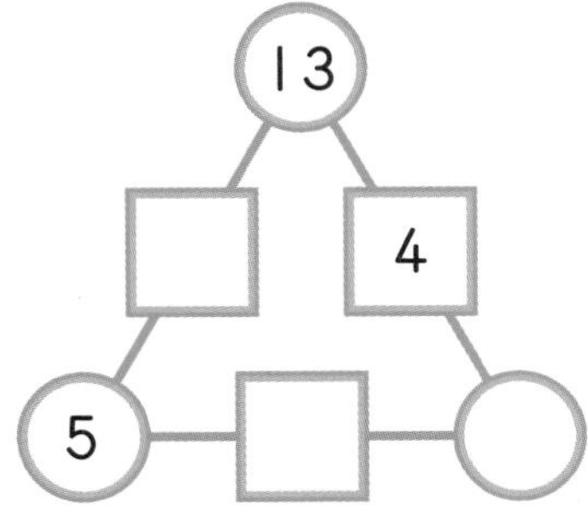


**15** 수 카드 4장 중 2장으로 몇십 또는 몇십몇을 만들었을 때 가장 큰 수는 42, 셋째로 큰 수는 40입니다. 수 카드 중 한 장이 물에 젖어 보이지 않을 때 물에 젖은 카드에 쓰여 있던 수를 구하시오.

(　　　　　　　　　　)

**16** 햇빛을 한 번 받으면 키가 10만큼 더 커지고 물을 한 번 주면 키가 1만큼 더 커지는 콩나무가 있습니다. 아래와 같이 햇빛과 물을 주었더니 키가 41이 되었을 때 처음 콩나무의 키를 구하시오.

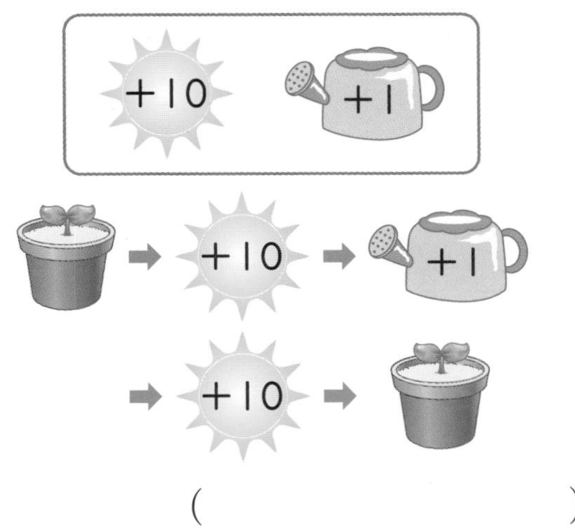


(　　　　　　　　　　)

memo

# 정답과 풀이

BOOK1



일등 전략 1-1

# 정답과 풀이

## 1주 1일

**개념 돌파 전략 1 | 확인 문제** 8~11쪽

| | |
|---|---|
| 01 7 | 02 여섯 |
| 03 첫째 | 04 일곱째 |
| 05 셋째 | 06 (위에서 넷째 칸에 색칠) |
| 07 7 | 08 3개 |
| 09 4에 ○표 | 10 2에 ○표 |
| 11 2, 1, 0 | 12 9, 5 |
| 13 9 | 14 6 |

01 사과는 하나, 둘, 셋, 넷, 다섯, 여섯, 일곱이므로 수로 쓰면 7입니다.

02 동물의 수가 6일 때에는 여섯 마리라고 읽습니다.

03 1이 나타내는 순서는 첫째입니다.

04

시든 꽃의 순서를 왼쪽부터 세면 첫째, 둘째, 셋째, 넷째, 다섯째, 여섯째, 일곱째입니다.
➡ 왼쪽에서 일곱째 꽃이 시들었습니다.

06 위부터 첫째, 둘째, 셋째, 넷째를 세어 넷째인 칸에 색칠합니다.

07 수를 순서대로 쓰면 6 바로 뒤의 수는 7입니다.

08 4와 8 사이에 있는 수는 5, 6, 7이므로 3개입니다.

09  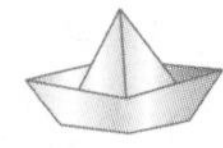 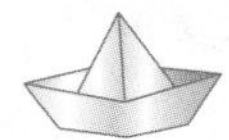

그림의 수는 3이므로 3보다 1만큼 더 큰 수는 4입니다.

11 딸기의 수가 2, 1, 0입니다.

12 수를 순서대로 썼을 때 9가 5보다 뒤에 있습니다.
따라서 9는 5보다 큽니다.

13 세 수를 작은 수부터 순서대로 쓰면 2, 6, 9입니다.
따라서 세 수 중에서 가장 큰 수는 9입니다.

14 5보다 크고 7보다 작은 수는 수를 순서대로 썼을 때 5보다 뒤에 있고 7보다 앞에 있습니다.
5부터 수를 순서대로 쓰면 5, 6, 7, ...이므로 5보다 크고 7보다 작은 수는 6입니다.

**개념 돌파 전략 2** 12~13쪽

01 (  )(  )( ○ )

02 (1) 5 (2) 2

03

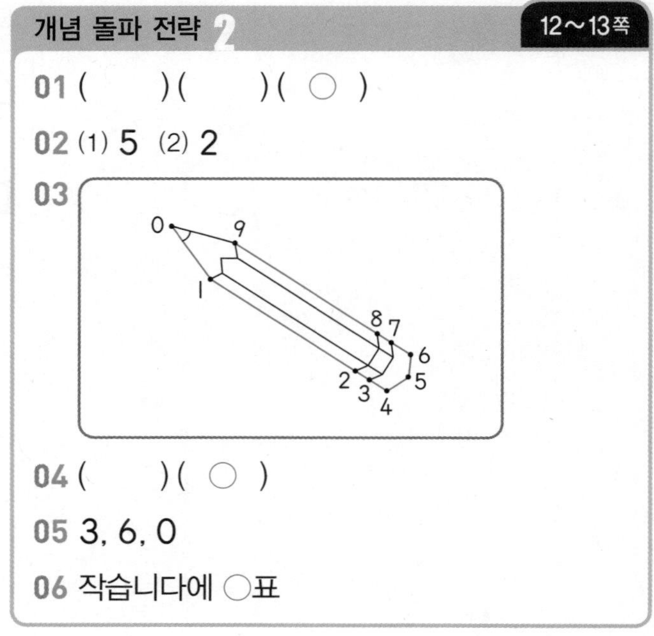


04 (  )( ○ )

05 3, 6, 0

06 작습니다에 ○표

01 사과는 하나, 둘, 셋이므로 수로 쓰면 3입니다.
귤은 하나, 둘, 셋, 넷, 다섯, 여섯, 일곱, 여덟이므로 수로 쓰면 8입니다.
복숭아는 하나, 둘, 셋, 넷, 다섯, 여섯이므로 수로 쓰면 6입니다.
➡ 수가 6인 것은 복숭아입니다.

02 

(1) 왼쪽에서 첫째에 있는 버스에 쓰인 수는 5입니다.
(2) 오른쪽에서 둘째에 있는 버스에 쓰인 수는 2입니다.

03 0부터 9까지의 수를 순서대로 잇습니다.

04 양의 수는 7이고 꽃의 수는 8입니다.
7보다 1만큼 더 큰 수는 8입니다.
따라서 7보다 1만큼 더 큰 수를 나타내는 것은 꽃입니다.

05 • 둥지에 있는 알이 하나, 둘, 셋이므로 수로 쓰면 3입니다.
• 둥지에 있는 알이 하나, 둘, 셋, 넷, 다섯, 여섯이므로 수로 쓰면 6입니다.
• 둥지에 아무것도 없으므로 수로 쓰면 0입니다.

06 원숭이는 4마리이고 바나나는 6개입니다.
원숭이는 바나나보다 적으므로 4는 6보다 작습니다.

**필수 체크 전략 1** 14~17쪽

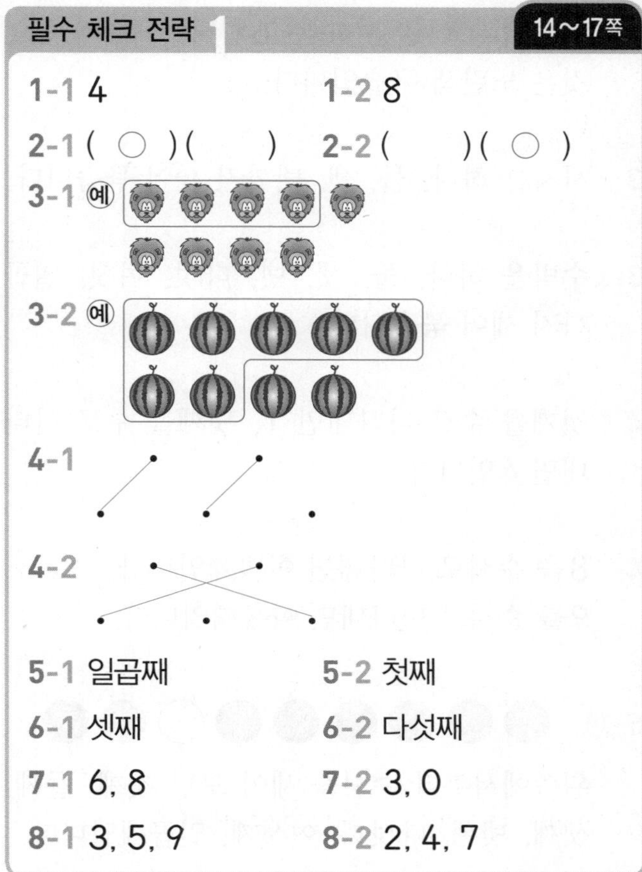


1-1 다 먹은 사과는 세지 않습니다.

남은 사과는 하나, 둘, 셋, 넷이므로 사과는 4개 남았습니다.

1-2 접은 손가락은 세지 않습니다.

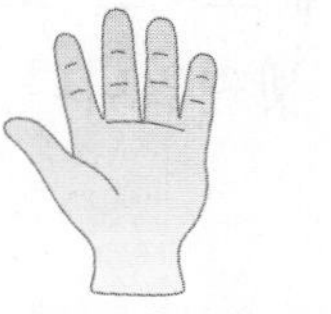 

펼친 손가락을 세면 하나, 둘, 셋, 넷, 다섯, 여섯, 일곱, 여덟이므로 손가락을 8개 폈습니다.

2-1 일곱이라고 읽는 수는 7입니다. 수가 7인 것은 가위입니다.

2-2 여섯이라고 읽는 수는 6입니다. 수가 6인 것은 노란색 구슬입니다.

3-1 사자를 하나, 둘, 셋, 넷까지 세어 묶습니다.

3-2 수박을 하나, 둘, 셋, 넷, 다섯, 여섯, 일곱까지 세어 묶습니다.

4-1 첫째를 수로 나타내면 1, 넷째를 수로 나타내면 4입니다.

4-2 8을 순서로 나타내면 여덟째입니다.
9를 순서로 나타내면 아홉째입니다.

5-1 ●●●●●●○●●

왼쪽에서부터 순서를 세어 보면 첫째, 둘째, 셋째, 넷째, 다섯째, 여섯째, 일곱째입니다.

5-2 ●●●●●●●●○

오른쪽에서부터 순서를 세어 보면 첫째입니다.

6-1

왼쪽에서 다섯째 토끼를 오른쪽에서부터 순서를 세어 보면 셋째입니다.

6-2

오른쪽에서 넷째 병아리를 왼쪽에서부터 순서를 세어 보면 다섯째입니다.

7-1 5부터 수를 순서대로 쓰면 5, 6, 7, 8, 9입니다.

7-2 4부터 수를 거꾸로 쓰면 4, 3, 2, 1, 0입니다.

8-1 5, 9, 3을 수의 순서대로 쓰면 3이 가장 앞이고 9가 가장 뒤입니다.
따라서 3, 5, 9입니다.

8-2 7, 4, 2를 수의 순서대로 쓰면 2가 가장 앞이고 7이 가장 뒤입니다.
따라서 2, 4, 7입니다.

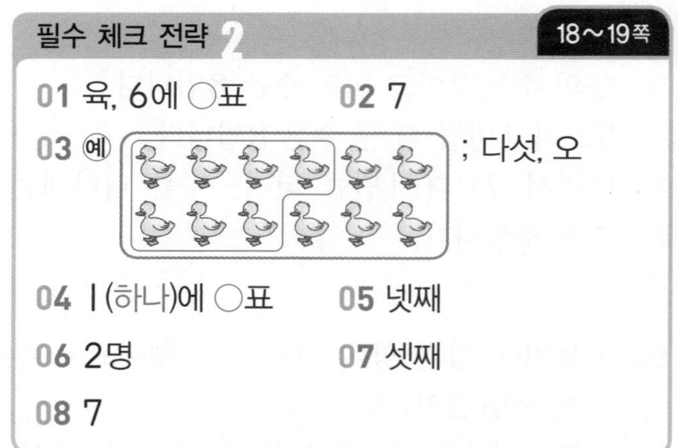


01 주사위의 눈은 하나, 둘, 셋, 넷, 다섯, 여섯이므로 수로 쓰면 6입니다. 6은 여섯 또는 육이라고 읽습니다.

참고
4보다 1만큼 더 큰 수는 5입니다.

02 5 바로 뒤의 수는 6입니다.
㉠은 6 바로 뒤의 수이므로 7입니다.

03 오리를 하나, 둘, 셋, 넷, 다섯, 여섯, 일곱까지 세어 묶으면 남은 오리의 수는 5입니다. 5는 다섯 또는 오라고 읽습니다.

04 학년을 셀 때 ➡ 일 학년, 이 학년, ...
나이를 셀 때 ➡ 한 살, 두 살, 세 살, ...
층을 셀 때 ➡ 일 층, 이 층, 삼 층, ...
따라서 1학년은 일 학년이라고 읽어야 합니다.

05 나은이의 순서를 그림으로 나타내면
앞 ○○○●○○○○○ 뒤
이므로 나은이는 앞에서 넷째에 있습니다.

06 

앞에서 셋째는 ③이고 뒤에서 첫째는 ⑥입니다.
따라서 ③과 ⑥ 사이에 서 있는 사람은 ④, ⑤입니다. ➡ 2명

07 수 카드를 수의 순서대로 배열하면
1 2 5 7 9입니다.
따라서 5는 왼쪽에서 셋째입니다.

08 6보다 뒤에 있는 수 ➡ 7, 8, 9
9부터 수를 거꾸로 쓰면 9, 8, 7, 6, ...입니다. 따라서 9부터 수를 거꾸로 쓸 때 8 다음의 수는 7입니다.
➡ 7을 설명하고 있습니다.

## 필수 체크 전략 1 (20~23쪽)

| | |
|---|---|
| 1-1 3 | 1-2 9 |
| 2-1 5 | 2-2 7 |
| 3-1 5, 7 | 3-2 7, 9 |
| 4-1 0 | 4-2 0개 |
| 5-1 7에 ○표 | 5-2 나은 |
| 6-1 지아 | 6-2 노란색 |
| 7-1 5, 6에 ○표 | 7-2 0, 1, 2에 ○표 |
| 8-1 5, 6 | 8-2 6, 7, 8 |

1-1 수를 순서대로 썼을 때 4 바로 앞의 수인 3이 4보다 1만큼 더 작은 수입니다.

1-2 수를 순서대로 썼을 때 8 바로 뒤의 수인 9가 8보다 1만큼 더 큰 수입니다.

2-1 다람쥐의 수는 6입니다.
6보다 1만큼 더 작은 수는 5입니다.

2-2 꽃의 수는 8입니다.
8보다 1만큼 더 작은 수는 7입니다.

3-1 6은 5보다 1만큼 더 큰 수입니다.
6은 7보다 1만큼 더 작은 수입니다.

3-2 8은 7보다 1만큼 더 큰 수입니다.
8은 9보다 1만큼 더 작은 수입니다.

4-1 어항에 금붕어가 없습니다.
따라서 금붕어의 수는 0입니다.

4-2

만두가 5개 있는데 5개를 모두 먹으면 아무 것도 없습니다.
따라서 남은 만두는 0개입니다.

5-1 수를 순서대로 썼을 때 7이 5보다 뒤에 있습니다.
7이 5보다 큽니다.

5-2 수를 순서대로 썼을 때 8이 3보다 뒤에 있습니다.
8이 3보다 큽니다.

6-1 4, 8, 2 중에서 가장 큰 수는 8입니다.
따라서 지아가 붙임딱지를 가장 많이 모았습니다.

6-2 5, 1, 4, 0 중에서 가장 큰 수는 5입니다.
따라서 노란색 우산이 가장 많이 있습니다.

7-1 수를 순서대로 썼으므로 4의 뒤에 있는 수가 4보다 큽니다.
4보다 뒤에 있는 5, 6에 ○표 합니다.

7-2 수를 순서대로 썼으므로 3의 앞에 있는 수가 3보다 작습니다.
3보다 앞에 있는 0, 1, 2에 ○표 합니다.

8-1 4보다 큰 수는 5, 6, 7, 8, ...입니다.
4보다 큰 수 중에서 7보다 작은 수는 5, 6입니다.
➡ 조건을 만족하는 수는 5, 6입니다.

8-2 5보다 큰 수는 6, 7, 8, 9, ...입니다.
5보다 큰 수 중에서 9보다 작은 수는 6, 7, 8입니다.
➡ 조건을 만족하는 수는 6, 7, 8입니다.

**필수 체크 전략 2** 24~25쪽

| | |
|---|---|
| 01 현우 | 02 7 |
| 03 5장 | 04 어제 |
| 05 5, 6에 ○표 | 06 화요일 |
| 07 0, 1, 2, 3 | 08 2개 |

01 지연 1 2 4 8
현우 9 7 5 3

지연이는 왼쪽에서 넷째에 있는 8이 적힌 카드를 냈습니다.
현우는 왼쪽에서 첫째에 있는 9가 적힌 카드를 냈습니다.
9가 8보다 크므로 현우가 이겼습니다.

02 네 수를 작은 수부터 차례대로 쓰면 0, 4, 5, 7입니다.
따라서 가장 큰 수는 7입니다.

03 3보다 1만큼 더 큰 수는 4이므로 민주는 딱지를 4장 가지고 있습니다.
따라서 재준이가 가지고 있는 딱지의 수는 4보다 1만큼 더 큰 수인 5입니다.

04 어제 읽은 쪽수는 9이고 오늘 읽은 쪽수는 5입니다. 9가 5보다 크므로 어제 책을 더 많이 읽었습니다.

05 수를 작은 수부터 차례대로 쓰면 2, 3, 4, 5, 6, 9입니다.
따라서 4보다 크고 8보다 작은 수는 5, 6입니다.

06 턱걸이를 한 횟수를 큰 수부터 차례대로 쓰면 8, 6, 5, 4, 3입니다.
따라서 턱걸이를 둘째로 많이 한 날은 6회를 한 화요일입니다.

07 소라의 수는 하나, 둘, 셋, 넷이므로 4입니다.
4보다 더 작은 수는 수를 순서대로 썼을 때 4의 앞에 있으므로 0, 1, 2, 3입니다.

08 3보다 크고 8보다 작은 수는 4, 5, 6, 7입니다.
4, 5, 6, 7 중 6보다 작은 수는 4, 5입니다.
따라서 조건을 만족하는 수는 4, 5입니다.
➡ 2개

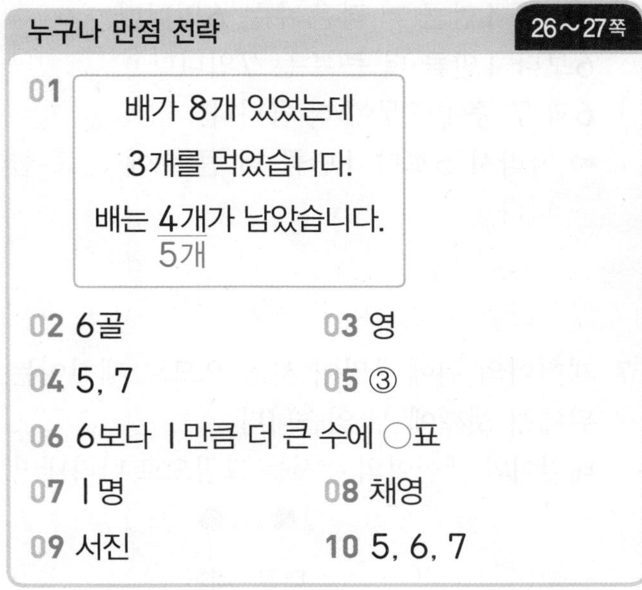

**누구나 만점 전략** 26~27쪽

01 배가 8개 있었는데
3개를 먹었습니다.
배는 4개가 남았습니다.
5개

| | |
|---|---|
| 02 6골 | 03 영 |
| 04 5, 7 | 05 ③ |
| 06 6보다 1만큼 더 큰 수에 ○표 | |
| 07 1명 | 08 채영 |
| 09 서진 | 10 5, 6, 7 |

01 배는 5개가 남았습니다.

02 5보다 1만큼 더 큰 수는 6입니다.
따라서 오늘 주호는 6골 넣었습니다.

03 1보다 1만큼 더 작은 수는 0입니다.
아무것도 없는 것을 나타내는 수는 0입니다.
0은 영이라고 읽습니다.

04 0부터 수를 순서대로 세어 빈 곳에 써넣으면 ㉠은 5, ㉡은 7입니다.

05

결승선을 향해 달리고 있으므로 결승선이 있는 쪽이 앞입니다. 앞에서부터 첫째, 둘째, 셋째를 세면 ③입니다.
따라서 수민이는 ③입니다.

06 7보다 1만큼 더 작은 수는 6입니다.
6보다 1만큼 더 큰 수는 7입니다.
6과 7 중에서 7이 더 큽니다.
➡ 따라서 6보다 1만큼 더 큰 수에 ○표 합니다.

07 재현이의 뒤에 2명이 서 있으므로 재현이는 뒤에서 셋째에 서 있습니다.
태일이와 재현이의 순서를 그림으로 나타내면

앞 ○○○○●○●○○
태일 재현

이므로 태일이와 재현이 사이에 1명이 서 있습니다.

08 윤호가 읽은 책의 수는 6이고 채영이가 읽은 책의 수는 8입니다.
6보다 8이 크므로 채영이가 책을 더 많이 읽었습니다.

09 점수가 높은 순서대로 쓰면 9, 6, 5, 4, 3입니다.
점수가 높은 사람부터 등수를 매기므로 3등은 점수가 5점인 서진이입니다.

10 3과 8 사이에 있는 수는 4, 5, 6, 7입니다.
3보다 8 사이에 있는 수 중에서 4보다 큰 수는 5, 6, 7입니다.

**창의 • 융합 • 코딩 전략** 28~31쪽

01 3, 5 02 소나무 아래
03 창훈
04
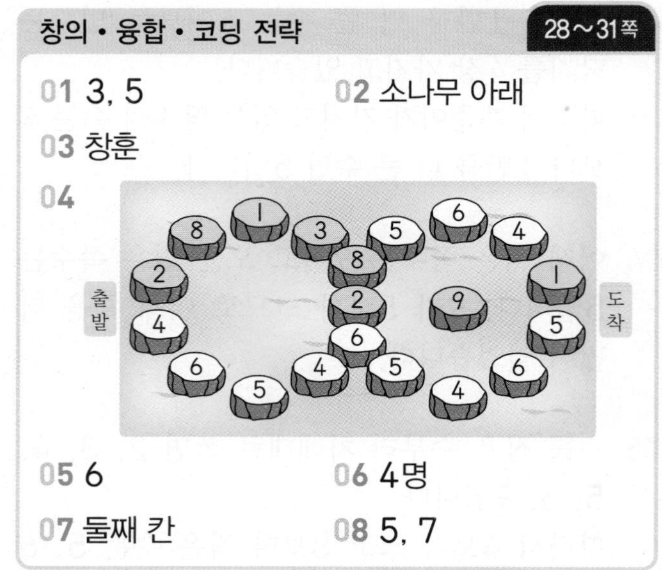

05 6 06 4명
07 둘째 칸 08 5, 7

01 • 2와 4 사이의 수는 3입니다.
➡ ▲는 3입니다.
• 1부터 9까지의 수 중에서 4보다 큰 수는 5, 6, 7, 8, 9입니다.
➡ ■는 5, 6, 7, 8, 9 중 하나입니다.
• 6은 ■보다 크므로 ■는 6보다 작습니다.
➡ ■는 5, 6, 7, 8, 9 중 5입니다.

02 풍선에 쓰인 수를 큰 수부터 차례로 쓰면 9, 7, 6, 3, 0입니다.
이 순서대로 글자를 붙여 쓰면 '소나무 아래'입니다.
따라서 보물은 소나무 아래에 있습니다.

03 맨 위의 수: 8보다 1만큼 더 큰 수 ➡ 9
가운데 수: 3과 5 사이에 있는 수 ➡ 4
맨 아래의 수: 6보다 1만큼 더 큰 수 ➡ 7
따라서 자물쇠에 번호를 바르게 쓴 사람은 창훈이입니다.

04 1부터 9까지의 수 중 4보다 작은 수는 1, 2, 3입니다.
1부터 9까지의 수 중 6보다 큰 수는 7, 8, 9입니다.
➡ 1, 2, 3, 7, 8, 9가 쓰여 있는 돌을 모두 색칠합니다.

05 보기에 따라 요술 상자에 두 수를 넣으면 더 작은 수가 나옵니다.
따라서 8, 6을 넣으면 6이 8보다 작으므로 6이 나옵니다. ➡ 6과 7을 넣으면 6이 7보다 작으므로 6이 나옵니다.

06 5보다 큰 수: 6, 7, 8, 9 ➡ 꽝
1 : 꽝
1이 아니고 5보다 크지 않은 수: 2, 3, 4, 5 ➡ 당첨
따라서 당첨된 어린이는 4명입니다.

07 첫째 칸: 책이 5권 있으므로 규칙에 따라 정리하지 않았습니다.
셋째 칸: 작은 수가 적힌 책부터 순서대로 정리하면 4, 5, 6, 8이므로 규칙에 따라 정리하지 않았습니다.
➡ 바르게 정리한 칸은 둘째 칸입니다.

08 이기면 1만큼 더 큰 수로, 지면 1만큼 더 작은 수로 가야 합니다.
아영이는 이김, 이김, 짐이므로 4에서 출발하여 4 → 5 → 6 → 5입니다.
선규는 짐, 짐, 이김이므로 8에서 출발하여 8 → 7 → 6 → 7입니다.
따라서 아영이는 5, 선규는 7이 쓰인 칸에 도착합니다.

## 2주 1일

**개념 돌파 전략 1 | 확인 문제** 34~37쪽

| | |
|---|---|
| 01 5, 5 | 02 4, 4 |
| 03 7 | 04 3 |
| 05 5 | 06 3+3=6 |
| 07 6 | 08 6 |
| 09 (1) 3 (2) 2 (3) 4 | |
| 10 4−3=1 | 11 6, 2, 4 |
| 12 6 | 13 0 |
| 14 (  ) (○) | 15 (○) (  ) |

01 2와 3을 모으기 하면 5이므로 2+3=5입니다.

02 7은 3과 4로 가르기 할 수 있으므로 7−3=4입니다.

03 5와 2의 합은 5+2=7입니다.

04 9와 6의 차는 9−6=3입니다.

05 고양이가 1마리와 4마리가 있으므로 고양이는 모두 1+4=5(마리)입니다.

06 사과가 3개이고 배가 3개이므로 사과와 배는 모두 3+3=6(개)입니다.

07 어떤 수에 0을 더하면 어떤 수입니다.
따라서 6에 0을 더하면 6입니다.

08 0에 어떤 수를 더하면 어떤 수입니다.
따라서 0에 6을 더하면 6입니다.

09 (1) 배추 5포기에서 배추 2포기를 빼면 배추는 3포기가 남습니다.
➡ $5-2=3$
(2) ○ 6개에서 ○ 4개를 /로 지우면 ○는 2개 남습니다.
➡ $6-4=2$
(3) 빨대는 7개이고 컵은 3개입니다. 빨대와 컵을 하나씩 짝 지었을 때 짝 지어지지 않은 빨대는 4개입니다.
➡ $7-3=4$

10 사과 4개에서 3개를 빼면 사과가 1개 남습니다.
➡ $4-3=1$

11 수 카드 중에서 가장 큰 수와 가장 작은 수를 골랐을 때 두 수의 차가 가장 큽니다.
가장 큰 수는 6이고 가장 작은 수는 2이므로 차가 가장 큰 식은 $6-2=4$입니다.

12 어떤 수에서 0을 빼면 어떤 수 그대로입니다.
따라서 6에서 0을 빼면 6입니다.

13 전체에서 전체를 빼면 0입니다.
따라서 6에서 6을 빼면 0입니다.

14 2□3=5는 계산 결과가 처음에 있는 수보다 더 크므로 +가 알맞습니다.

15 8□2=6은 계산 결과가 처음에 있는 수보다 더 작으므로 −가 알맞습니다.

**개념 돌파 전략 2** 38~39쪽

01 (1) 2, 2 (2) 4, 4
02 2, 3, 5 (또는 3, 2, 5)
03 8
04 6, 2, 4
05 3, 3, 0
06 (선 잇기)

01 (1) 4는 2와 2로 가르기 할 수 있습니다.
(2) 8은 4와 4로 가르기 할 수 있습니다.

02 축구공은 2개, 농구공은 3개이므로 공은 모두 $2+3=5$(개)입니다.
또는 $3+2=5$로도 쓸 수 있습니다.

03 3과 5의 합은 3과 5를 더하는 것과 같습니다.
➡ $3+5=8$

04 만두는 6개이고 접시는 2개입니다.
만두와 접시를 하나씩 짝 지었을 때 짝 지어지지 않은 만두는 $6-2=4$(개)입니다.
따라서 만두는 접시보다 4개 더 많습니다.

05 풍선 3개가 모두 터져서 아무것도 없습니다.
➡ $3-3=0$

참고
아무것도 없는 것은 0으로 나타냅니다.

06 $3+5=8$, $7+2=9$
$1+8=9$, $4+4=8$
계산 결과가 같은 것끼리 잇습니다.

2주 2일

필수 체크 전략 1 40~43쪽

1-1 2, 4에 ○표　　1-2 4, 5에 ○표
2-1 ( 　 )( ○ )
2-2 ( 　 )( ○ )
3-1 ㉠　　3-2 ㉡
4-1 5+3=8 (또는 3+5=8)
; 5 더하기 3은 8과 같습니다.
4-2 4+2=6 (또는 2+4=6)
; 4 더하기 2는 6과 같습니다.
5-1 ( ○ )( 　 )
5-2 ( 　 )( × )
6-1 7, 9　　6-2 6, 8
7-1 5조각　　7-2 7자루
8-1 ㉡　　8-2 ㉠

1-1 2와 4를 모으기 하면 6입니다.

1-2 4와 5를 모으기 하면 9입니다.

2-1 5와 2를 모으기 하면 7입니다.
➡ 7은 5와 2로 가르기 할 수 있습니다.

2-2 2와 6을 모으기 하면 8입니다.
➡ 8은 2와 6으로 가르기 할 수 있습니다.

3-1 ㉠은 9이고 ㉡은 7입니다.
9가 7보다 큽니다.
따라서 ㉠, ㉡ 중 더 큰 것은 ㉠입니다.

3-2 ㉠은 4이고 ㉡은 5입니다.
5가 4보다 큽니다.
따라서 ㉠, ㉡ 중 더 큰 것은 ㉡입니다.

4-1 빨간색 꽃 5송이에 노란색 꽃 3송이를 더하면 8송이이므로 식으로 쓰면 5+3=8입니다.
또는 3+5=8로도 쓸 수 있습니다.

4-2 리본 4개에 2개를 더하면 6개이므로 식으로 쓰면 4+2=6입니다.
또는 2+4=6으로도 쓸 수 있습니다.

5-1 2+6=8이고 3+4=7입니다. 8이 7보다 크므로 합이 더 큰 것은 2와 6입니다.

5-2 4+5=9이고 7+1=8입니다. 8이 9보다 작으므로 합이 더 작은 것은 7과 1입니다.

6-1 3+4=7이므로 3 다음 칸에 7을 씁니다.
7+2=9이므로 7 다음 칸에 9를 씁니다.

6-2 5+1=6이므로 5 다음 칸에 6을 씁니다.
6+2=8이므로 6 다음 칸에 8을 씁니다.

7-1 두 사람이 먹은 케이크는 모두
2+3=5(조각)입니다.

7-2 소민이가 가진 색연필은 4자루보다 3자루 더 많으므로 4+3=7(자루)입니다.

8-1 ㉠ 새가 2마리 있었는데 모두 날아가서 새는 2−2=0(마리) 있습니다.
㉡ 동생과 내가 가지고 있는 머리핀은 모두 2+2=4(개)입니다.

8-2 ㉠ 버스에 탄 사람은 모두 5+4=9(명)입니다.
㉡ 집에 가지 않은 학생은 5−4=1(명)입니다.

BOOK 1

**필수 체크 전략 2** 44~45쪽

01 4조각　　02 8
03 ㉡, ㉣, ㉢, ㉠
04 5, 4, 9 (또는 4, 5, 9)
05 진운　　06 9송이
07 감자
08 5+3=8 (또는 3+5=8)

01 피자를 두 개의 접시에 똑같이 나누려면 8을 같은 수로 가르기 해야 합니다.
8은 4와 4로 가르기 할 수 있으므로 한 접시에 피자 4조각을 놓아야 합니다.

02
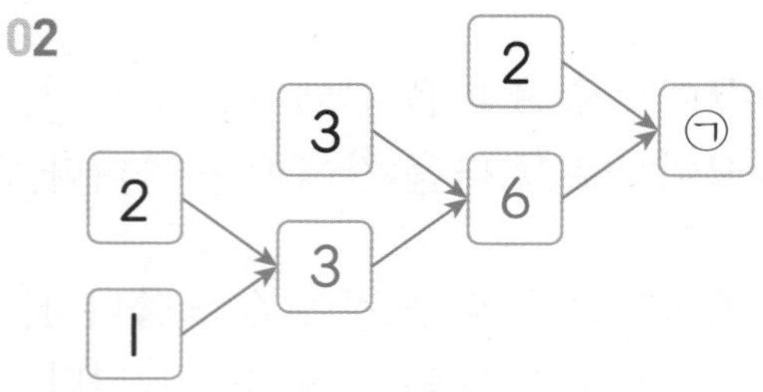


➡ ㉠: 2와 6을 모으기 하면 8입니다.

03 ㉠ 2+4=6　　㉡ 6+3=9
㉢ 4+3=7　　㉣ 7+1=8
➡ 계산 결과가 가장 큰 것부터 순서대로 쓰면 ㉡, ㉣, ㉢, ㉠입니다.

04 합이 가장 크려면 가장 큰 수와 둘째로 큰 수를 더해야 합니다.
1, 4, 0, 5 중에 5가 가장 크고 4가 둘째로 크므로 합이 가장 큰 덧셈식은 5와 4를 더한 5+4=9입니다. (또는 4+5=9)

05 오늘 영은이가 먹은 귤은 2+3=5(개)이고 진운이가 먹은 귤은 4+2=6(개)입니다.
6은 5보다 크므로 귤을 더 많이 먹은 사람은 진운입니다.

06 동생은 민지보다 3송이를 더 심었으므로 동생이 심은 꽃은 3+3=6(송이)입니다.
➡ 두 사람이 심은 꽃은 3+6=9(송이)입니다.

07 고구마는 어제 3개, 오늘 4개를 캤으므로 3+4=7(개)를 캤습니다.
감자는 어제 2개, 오늘 6개를 캤으므로 2+6=8(개)를 캤습니다.
8은 7보다 크므로 감자를 더 많이 캤습니다.

08 5와 3을 모으기 하면 8입니다.
따라서 5+3=8 또는 3+5=8로 덧셈식을 쓸 수 있습니다.

## 2주 3일

**필수 체크 전략 1** 46~49쪽

1-1 7−3=4
; 7 빼기 3은 4와 같습니다.
1-2 9−4=5
; 9 빼기 4는 5와 같습니다.

| | |
|---|---|
| 2-1 4 | 2-2 5 |
| 3-1 4, 2 | 3-2 5, 8 |
| 4-1 6−2에 ○표 | 4-2 9−3에 ○표 |
| 5-1 2개 | 5-2 1개 |
| 6-1 5권 | 6-2 7점 |
| 7-1 ( ○ )(　) | 7-2 (　)( ○ ) |
| 8-1 + | 8-2 − |

1-1 ○ 7개 중에 3개를 /로 지웠습니다.
7에서 3을 빼면 남은 ○는 4개입니다.

1-2 구슬 9개 중에 4개를 뺐습니다.
9에서 4를 빼면 남은 구슬은 5개입니다.

2-1 가장 큰 수는 7이고 가장 작은 수는 3입니다.
7과 3의 차는 7－3＝4입니다.

2-2 가장 큰 수는 6이고 가장 작은 수는 1입니다.
6과 1의 차는 6－1＝5입니다.

3-1 8－4＝4이므로 8 다음 칸에 4를 씁니다.
4－2＝2이므로 4 다음 칸에 2를 씁니다.

3-2 6－1＝5이므로 6 다음 칸에 5를 씁니다.
5＋3＝8이므로 5 다음 칸에 8을 씁니다.

4-1 9－3＝6, 7－2＝5,
8－6＝2, 6－2＝4
이므로 계산 결과가 4인 식은 6－2입니다.

4-2 6－3＝3, 9－3＝6,
5＋2＝7, 4＋3＝7
이므로 계산 결과가 6인 식은 9－3입니다.

5-1
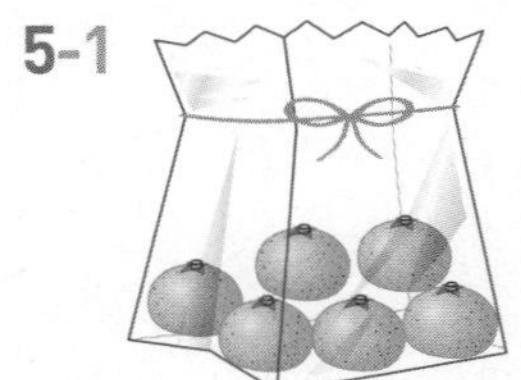

봉지 안에 들어 있는 귤은 6개입니다.
➡ 봉지에 귤을 8개 넣으려면 8－6＝2이므로 귤을 2개 더 넣어야 합니다.

5-2 아침에 팔리고 남은 풍선은 9－5＝4(개)입니다.
저녁에 풍선 4개 중 3개가 팔렸으므로 풍선은 4－3＝1(개) 남았습니다.

6-1 책을 가장 많이 읽은 사람은 선주이고 책을 가장 적게 읽은 사람은 민호입니다.
➡ 선주는 민호보다 8－3＝5(권) 더 읽었습니다.

6-2 가장 높은 점수를 받은 사람은 수민이고 가장 낮은 점수를 받은 사람은 연서입니다.
➡ 수민이는 연서보다 9－2＝7(점) 더 받았습니다.

7-1 4에서 0를 빼면 4이므로 □ 안에 알맞은 수는 0입니다.
0에 3을 더하면 3이므로 □ 안에 알맞은 수는 3입니다.

7-2 9에서 9를 빼면 0이므로 □ 안에 알맞은 수는 9입니다.
5에 0을 더하면 5이므로 □ 안에 알맞은 수는 0입니다.

8-1 4□2＝6은 처음 수보다 계산 결과가 더 크므로 덧셈 기호가 알맞습니다.

8-2 7□7＝0은 처음 수보다 계산 결과가 더 작으므로 뺄셈 기호가 알맞습니다.

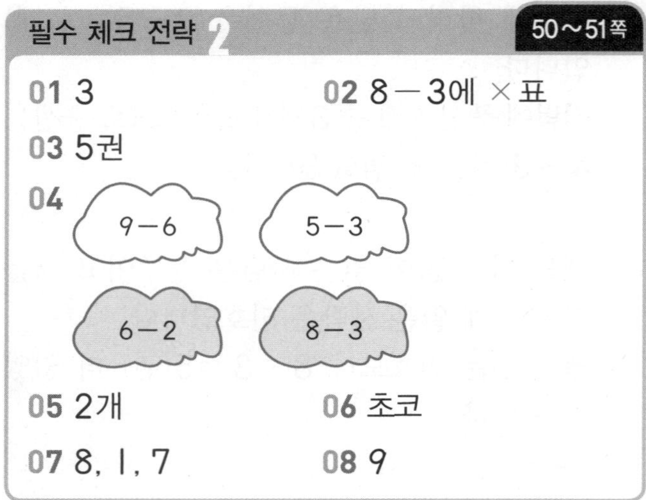

**필수 체크 전략 2** 50~51쪽

01 3 02 8－3에 ×표

03 5권

04 9－6, 5－3, 6－2, 8－3 (6－2, 8－3에 색칠)

05 2개 06 초코

07 8, 1, 7 08 9

01

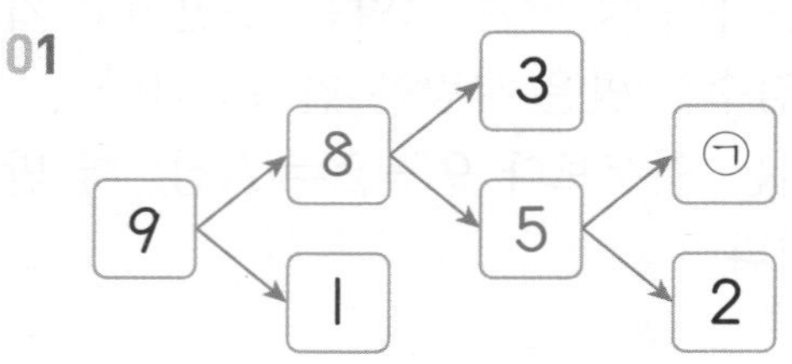


➡ ㉠: 5는 3과 2로 가르기 할 수 있으므로 3입니다.

02 5－1＝4, 9－5＝4,
8－3＝5, 4－0＝4입니다.
➡ 계산 결과가 다른 식은 8－3입니다.

03 학생들이 읽고 있는 만화책이 □권이라고 하면 8－□＝3입니다.
8은 3과 5로 가르기 할 수 있으므로
8－5＝3입니다.
➡ 학생들이 읽고 있는 만화책은 5권입니다.

04 7－4＝3이므로 계산 결과가 3보다 큰 식을 찾습니다.
9－6＝3, 5－3＝2,
6－2＝4, 8－3＝5
이므로 6－2, 8－3에 색칠합니다.

05 영훈이는 초콜릿 과자를 민우보다 2개 더 먹었으므로 2＋2＝4(개)를 먹었습니다.
따라서 두 사람은 초콜릿 과자 8개 중에서 2＋4＝6(개)를 먹었습니다.
➡ 초콜릿 과자는 8－6＝2(개) 남았습니다.

06 초코우유는 9－7＝2(개) 남았습니다.
딸기우유는 6－6＝0(개) 남았습니다.
➡ 초코우유가 더 많이 남았습니다.

07 수 카드 중에 가장 큰 수와 가장 작은 수를 골랐을 때 두 수의 차가 가장 큽니다.
가장 큰 수는 8이고 가장 작은 수는 1이므로 두 수의 차는 8－1＝7입니다.

08 6과의 차가 3인 수는 9 또는 3입니다.
9와 3 중에서 5보다 큰 수는 9입니다.
➡ 설명하는 수는 9입니다.

참고
6과 9의 차는 9－6＝3입니다.
6과 3의 차는 6－3＝3입니다.

**누구나 만점 전략** 52~53쪽

01 3, 3 02 ㉡

03 4＋2＝6 (또는 2＋4＝6)

04 5＋3＝8 (또는 3＋5＝8) ; 8명

05 (＋ →, － ↓)

| 6 | 3 | 9 |
|---|---|---|
| 4 | 0 | 4 |
| 2 | 3 | |

06 ㉠, ㉣, ㉡, ㉢ 07 4개

08 1, 5 09 2

10 2, 5, 7 (또는 5, 2, 7)

01 6은 3과 3으로 가르기 할 수 있습니다.

02 ㉠ 3과 6을 모으기 하면 9입니다.
㉡ 4와 4를 모으기 하면 8입니다.
㉢ 1과 8을 모으기 하면 9입니다.
㉣ 2와 7을 모으기 하면 9입니다.

03 주사위의 눈이 4와 2입니다.
➡ 두 주사위의 눈의 합은 4+2=6입니다.

04 남학생은 5명, 여학생은 3명이므로 모둠의 전체 학생 수는 5+3=8(명)입니다.

05 6+3=9, 4+0=4
6−4=2, 3−0=3

06 ㉠ 9−0=9 ㉡ 4+2=6
㉢ 6−2=4 ㉣ 3+5=8
➡ 계산 결과가 가장 큰 것부터 쓰면 ㉠, ㉣, ㉡, ㉢입니다.

07 풍선을 가장 많이 터뜨린 사람: 나래
풍선을 가장 적게 터뜨린 사람: 진구
➡ 나래는 진구보다 6−2=4(개) 더 터뜨렸습니다.

08 8과 1의 차 → 7, 8과 5의 차 → 3,
8과 3의 차 → 5, 1과 5의 차 → 4,
1과 3의 차 → 2, 5와 3의 차 → 2
➡ 수 카드 중 차가 4인 두 수는 1과 5입니다.

09 ㉠: 5에서 ㉠을 뺀 결과가 그대로 5입니다.
5−0=5이므로 0입니다.
㉡: 8−6=2이므로 2입니다.
➡ 0과 2의 합은 0+2=2입니다.

10 0이 아닌 두 수를 더하면 더한 두 수보다 더 큰 수가 됩니다.
따라서 작은 두 수를 더하는 식을 씁니다.
➡ 2+5=7 (또는 5+2=7)

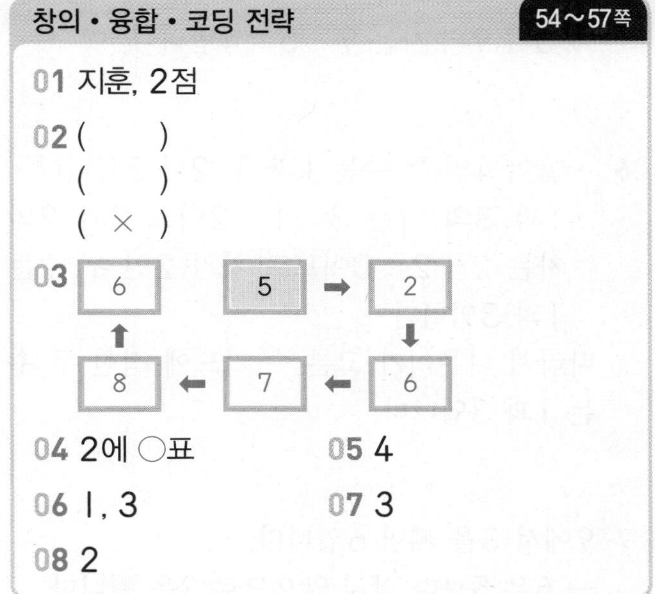

창의・융합・코딩 전략 54~57쪽

01 지훈, 2점
02 (  )
(  )
( × )
03
6 ← 8 ← 7 ← 6
5 → 2 → 6
04 2에 ○표 05 4
06 1, 3 07 3
08 2

01 지훈이의 점수는 5+3=8(점)입니다.
우영이의 점수는 3+3=6(점)입니다.
➡ 지훈이가 우영이보다 8−6=2(점) 더 높습니다.

02 (1) 2+5=7, 7−0=7
(2) 8−4=4, 6−2=4
(3) 9−5=4, 3+2=5
따라서 계산 결과가 같지 않은 신발은 (3)입니다.

03 5−3=2 → 2+4=6 → 6+1=7
→ 7+1=8 → 8−2=6

**04** 6은 4와 2로 가르기 할 수 있으므로
6－2＝4입니다.
➡ 나뭇잎에 가려진 수는 2입니다.

**05** ○ 안에 있는 두 수의 합은 0＋5＝5이므로 ㉠은 5입니다.
□ 안에 있는 두 수의 합은 5＋4＝9이므로 ㉡은 9입니다.
➡ 5와 9의 차는 9－5＝4입니다.

**06** • 합이 4인 두 수는 1과 3, 2와 2입니다.
• 1과 3의 차는 3－1＝2이고 2와 2의 차는 2－2＝0이므로 차가 2인 두 수는 1과 3입니다.
따라서 나은이가 고른 수 카드에 적힌 두 수는 1과 3입니다.

**07** 9에서 3을 빼면 6입니다.
→ 6은 5보다 작지 않으므로 3을 뺍니다.
→ 6－3＝3이고 3은 5보다 작습니다.
→ 3이 출력되어 나옵니다.

**08** 저울이 7－□쪽으로 기울어졌으므로
7－□는 2＋2＝4보다 큽니다.
7－0＝7, 7－1＝6,
7－2＝5, 7－3＝4,
7－4＝3, 7－5＝2,
7－6＝1, 7－7＝0
이므로 0부터 7까지의 수 중에서 □ 안에 들어갈 수 있는 수는 0, 1, 2입니다.
➡ 0, 1, 2 중에서 가장 큰 수는 2입니다.

**신유형 • 신경향 • 서술형 전략** 60～63쪽

**01**

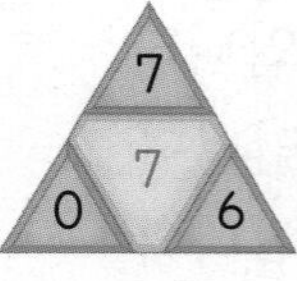


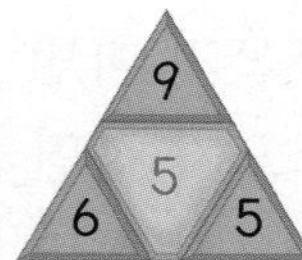


**02** 1, 6

**03** (1) 7개, 2개
(2) 1개
(3) 2개

**04** (1) 6개
(2) 6, 7

**05** (1) 4, 6, 3
(2) 5, 6
(3) 6

**06** (1) 4, 8
(2) 2, 4
(3)

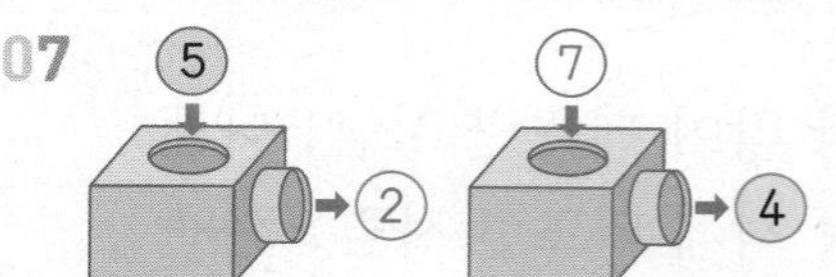


**07**

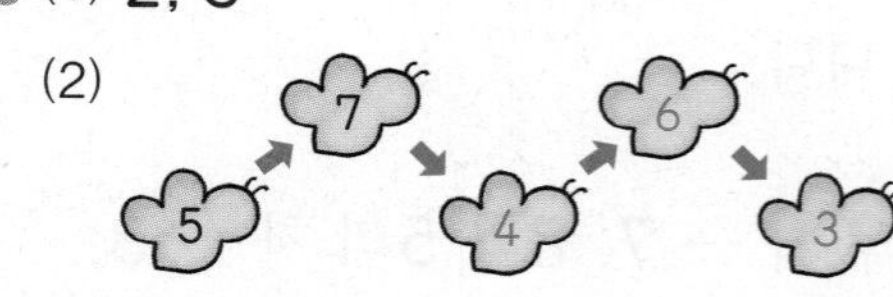


**08** (1) 2, 3
(2)

**01**

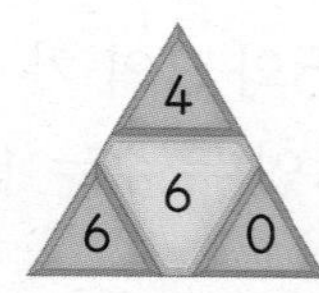

초록색 모양은 3개의 수 중 가장 큰 수를 가운데에 쓰는 규칙이 있습니다.
따라서 초록색 모양의 7, 0, 6 중에 가장 큰 수인 7을 가운데에 씁니다.

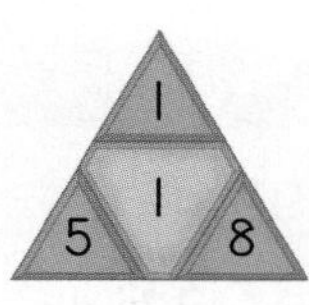

파란색 모양은 3개의 수 중 가장 작은 수를 가운데에 쓰는 규칙이 있습니다.
따라서 파란색 모양의 9, 6, 5 중에 가장 작은 수인 5를 가운데에 씁니다.

02

5는 4 바로 뒤의 수이므로 4보다 1만큼 더 큽니다.
5는 6 바로 앞의 수이므로 6보다 1만큼 더 작습니다.

03

(1) 사과는 하나, 둘, 셋, 넷, 다섯, 여섯, 일곱이므로 7개입니다.
오렌지는 하나, 둘이므로 2개입니다.
(2) 주스에 사과 8개를 넣어야 하는데 사과가 7개입니다.
8은 7보다 1만큼 더 크므로 사과를 1개 더 준비해야 합니다.
(3) 주스에 오렌지 4개를 넣어야 하는데 오렌지가 2개입니다.
4는 2보다 2만큼 더 크므로 오렌지를 2개 더 준비해야 합니다.

04

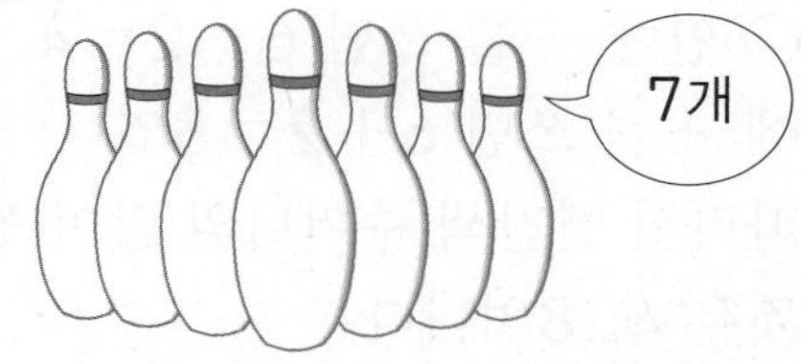


(1) 초아는 볼링 핀을 새미보다 1개 더 쓰러뜨렸습니다.
5보다 1만큼 더 큰 수는 6이므로 초아는 볼링 핀 6개를 쓰러뜨렸습니다.
(2) 초아는 볼링 핀을 6개 쓰러뜨렸습니다.
지민이가 초아를 이기려면 6개보다 더 많이 쓰러뜨려야 합니다. 볼링 핀은 7개이므로 지민이는 볼링 핀 7개를 쓰러뜨려야 합니다.

05 (1) 5+4, 3+6, 6+3는 9입니다.
(2) 5와 3의 차는 2입니다.
3과 6의 차는 3입니다.
5와 6의 차는 1입니다.
따라서 차가 1인 두 수는 5와 6입니다.
(3) 혜리와 정우가 뽑은 두 수의 합은 9이므로 혜리와 정우가 뽑은 두 수는 3과 6입니다.
혜리와 민준이가 뽑은 두 수의 차는 1이므로 혜리와 민준이가 뽑은 두 수는 5와 6입니다.
따라서 혜리가 뽑은 수는 6입니다.

BOOK 1

06 (1) ○ 안에 −를 쓰면 6−2=4이고 ○ 안에 +를 쓰면 6+2=8입니다.
따라서 빨간색 주머니의 값이 될 수 있는 것은 4, 8입니다.
(2) ○ 안에 −를 쓰면 3−1=2이고 ○ 안에 +를 쓰면 3+1=4입니다.
따라서 파란색 주머니의 값이 될 수 있는 것은 2, 4입니다.
(3) 6−2와 3+1의 값이 같으므로 빨간색 주머니의 ○ 안에 −를 쓰고 파란색 주머니의 ○ 안에 +를 씁니다.

07 요술 상자에 3을 넣었더니 0이 나왔습니다. 3−3=0이므로 요술 상자에 수를 넣으면 항상 3만큼 더 작은 수가 나오는 규칙입니다.
- 5를 넣으면 5보다 3만큼 더 작은 수는 5−3=2이므로 2가 나온다.
- 4가 나오려면 4보다 3만큼 더 큰 수를 넣어야 합니다. 따라서 4+3=7을 넣어야 합니다.

08 (1)

6+2=8, 2+2=4이므로 벌이 올라갈 때 2를 더하는 규칙이 있다.
8−3=5, 5−3=2이므로 벌이 내려갈 때 3을 빼는 규칙이 있다.
(2) 5+2=7, 7−3=4,
4+2=6, 6−3=3

**고난도 해결 전략 1회** 64~67쪽

| | |
|---|---|
| 01 여섯, 육 | 02 ㉢ |
| 03 0개 | 04 2개 |
| 05 5개 | 06 윤지 |
| 07 다섯째 | 08 셋째 |
| 09 4개 | 10 7, 8, 9 |
| 11 금요일 | 12 첫째 |
| 13 2개 | 14 7명 |
| 15 민지 | 16 ㉣ |

01 개구리를 하나, 둘, 셋, 넷, 다섯, 여섯, 일곱, 여덟까지 세어 묶으면 남은 개구리의 수는 6입니다.
6은 여섯 또는 육이라고 읽습니다.

02 ㉠ 일곱을 수로 쓰면 7입니다.
㉡ 8보다 1만큼 더 작은 수는 7입니다.
㉢ 5와 7 사이의 수는 6입니다.
따라서 다른 수를 나타내는 것은 ㉢입니다.

03 딸기를 모두 먹었으므로 남은 것이 없습니다.
따라서 남은 딸기는 0개입니다.

04 3과 8 사이에 있는 수는 4, 5, 6, 7입니다.
4, 5, 6, 7 중에서 6보다 작은 수는 4, 5입니다.
➡ 조건을 만족하는 수는 4, 5이므로 2개입니다.

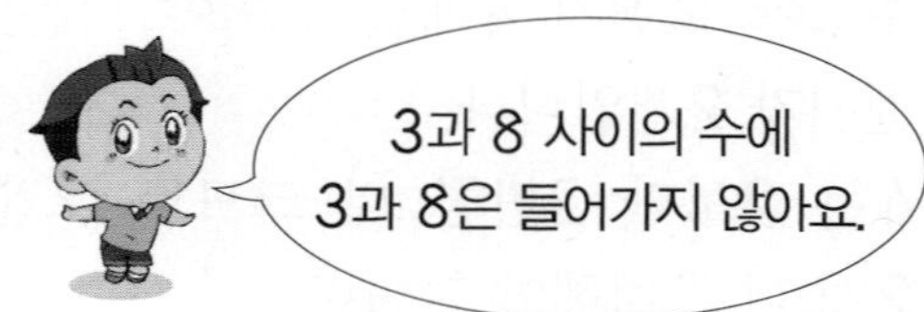

**05** 배의 수는 4보다 크고 6보다 작습니다.
➡ 배는 5개입니다.

**06** 4, 2, 6 중에 가장 작은 수는 2입니다.
➡ 장난감 로봇을 가장 적게 가지고 있는 사람은 윤지입니다.

**07** 건우의 순서를 그림으로 나타내면
앞 ○○○○●○○ 뒤
입니다. 따라서 건우는 앞에서 다섯째에 있습니다.

**08** 수 카드를 수의 순서대로 배열하면
0 2 6 8 입니다.
따라서 6은 왼쪽에서 셋째입니다.

**09** 6보다 1만큼 더 작은 수는 5이므로 준서는 딱지를 5개 가지고 있습니다.
따라서 동생이 가지고 있는 딱지의 수는 5보다 1만큼 더 작은 4입니다.

**10** 나무는 하나, 둘, 셋, 넷, 다섯, 여섯이므로 나무의 수는 6입니다.
6보다 더 큰 수는 수를 순서대로 썼을 때 6의 뒤에 있으므로 7, 8, 9입니다.

**11** 규진이가 읽은 책의 쪽수를 큰 수부터 차례대로 쓰면 9, 7, 5, 3, 0입니다.
따라서 둘째로 책을 많이 읽은 날은 7쪽을 읽은 금요일입니다.

**12** 혜린이의 순서는 앞에서 넷째입니다.
재우는 혜린이 바로 뒤에 서 있으므로 재우의 순서를 그림으로 나타내면
앞 ○ ○ ○ ● ● 뒤
(↑ 혜린, ↑ 재우)
입니다. 따라서 재우는 뒤에서 첫째입니다.

**13** 가장 작은 수부터 순서대로 쓰면 0, 2, 4, 5, 7, 9입니다.
4보다 큰 수는 4보다 뒤에 있으므로 5, 7, 9입니다.
5, 7, 9 중에 9보다 작은 수는 5, 7입니다.
➡ 4보다 크고 9보다 작은 수는 5, 7이므로 2개입니다.

**14** 지영이는 앞에서 넷째이므로 지영이 앞에 3명이 서 있습니다.
지영이와 현수 사이에 2명이 서 있고 현수는 뒤에서 첫째이므로 현수의 순서를 그림으로 나타내면
앞 ○ ○ ○ ● ○ ○ ● 뒤
(↑ 지영, ↑ 현수)
입니다.
따라서 줄을 서 있는 사람은 모두 7명입니다.

**15** 민지: 3, 5, 0 중에 가장 작은 수는 0이므로 0이 적힌 카드를 냈습니다.
정아: 8, 1, 6 중에 가장 작은 수는 1이므로 1이 적힌 카드를 냈습니다.
0이 1보다 더 작으므로 민지가 이겼습니다.

**16** 마법 항아리에 넣은 금화와 마법 항아리에서 나온 금화의 수를 쓰면 다음과 같습니다.
㉠ 3 → 4　㉡ 1 → 2
㉢ 5 → 6　㉣ 2 → 4
㉠, ㉡, ㉢은 1만큼 더 커지는 규칙입니다.
㉣은 2만큼 더 커지는 규칙입니다.
따라서 규칙이 다른 하나는 ㉣입니다.

참고
㉣ 2보다 1만큼 더 큰 수는 3입니다.

**고난도 해결 전략 2회** 68~71쪽

| | |
|---|---|
| 01 7 | 02 3 |
| 03 8 | 04 ㉢, ㉡, ㉠, ㉣ |
| 05 $9-2$, $2+4$, $7-1$, $5+2$ | |
| 06 2, 0, 2 (또는 0, 2, 2) | |
| 07 $4+3=7$ (또는 $3+4=7$) | |
| 08 6명 | 09 (1) $+$　(2) $-$ |
| 10 5송이 | 11 사과 |
| 12 6가지 | 13 경수 |
| 14 1개 | 15 딸기 |
| 16 4조각 | |

**01** 수 카드 중에서 가장 큰 수는 9이고 가장 작은 수는 2입니다.
9와 2의 차는 $9-2=7$입니다.

**02**

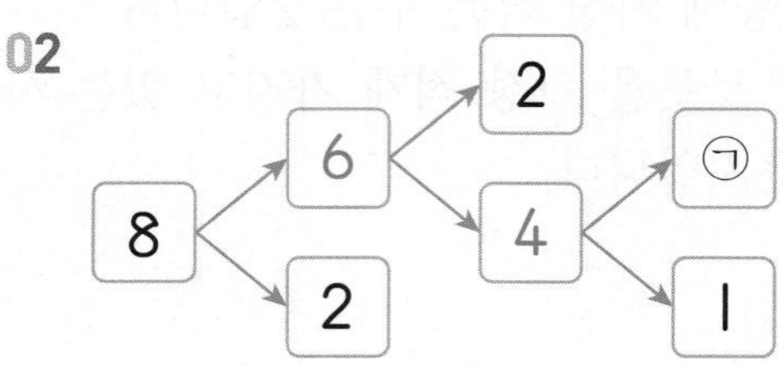


➡ ㉠: 4는 3과 1로 가르기 할 수 있으므로 3입니다.

**03** ㉠은 4보다 1만큼 더 크므로 $4+1=5$입니다.
㉡은 5보다 2만큼 더 작으므로 $5-2=3$입니다.
➡ $5+3=8$

**04** ㉠ $3+2=5$　㉡ $6-3=3$
㉢ $9-7=2$　㉣ $2+4=6$
➡ 계산 결과가 가장 작은 것부터 쓰면 ㉢, ㉡, ㉠, ㉣입니다.

**05** $3+3=6$이므로 계산 결과가 6보다 큰 식을 찾습니다.
$9-2=7$, $2+4=6$,
$7-1=6$, $5+2=7$이므로
$9-2=7$, $5+2=7$에 색칠합니다.

**06** 합이 가장 작으려면 가장 작은 수와 둘째로 작은 수를 더해야 합니다. 가장 작은 수는 0이고 둘째로 작은 수는 2입니다.
➡ $2+0=2$ 또는 $0+2=2$

07 모으기 하여 7이 되는 두 수를 고르면 4와 3이다.
따라서 4와 3을 골라 덧셈식을 씁니다.

08 남학생은 여학생보다 2명 더 많으므로 $2+2=4$(명)입니다.
따라서 건우네 모둠은 여학생이 2명이고 남학생이 4명이므로 모두 $2+4=6$(명)입니다.

09 (1) 2에 2를 더하면 4입니다.
따라서 □ 안에 +가 들어가야 합니다.
(2) 9에서 2를 빼면 7입니다.
따라서 □ 안에 −가 들어가야 합니다.

10 7, 2, 3 중에 7이 가장 크고 2가 가장 작으므로 꽃밭에 장미가 가장 많고 해바라기가 가장 적습니다.
➡ 장미는 해바라기보다 $7-2=5$(송이) 더 많습니다.

11 사과주스는 $7-4=3$(개) 남았습니다.
귤주스는 $9-8=1$(개) 남았습니다.
➡ 3이 1보다 크므로 사과주스가 더 많이 남았습니다.

12 7은 1과 6, 2와 5, 3과 4, 4와 3, 5와 2, 6과 1로 가르기 할 수 있습니다.
따라서 두 사람이 사탕 7개를 나누어 가지는 방법은 모두 6가지입니다.

13 오늘 상민이가 먹은 사탕은 $1+3=4$(개)이고 경수가 먹은 사탕은 $3+2=5$(개)입니다.
➡ 5가 4보다 크므로 사탕을 더 많이 먹은 사람은 경수입니다.

14 은형이는 지훈이보다 2개 더 먹었으므로 $3+2=5$(개)를 먹었습니다.
두 사람이 먹은 막대 과자는 $3+5=8$(개)입니다.
➡ 막대 과자는 $9-8=1$(개) 남았습니다.

15 딸기: 재성이는 1개를 먹고 준호는 5개를 먹었습니다.
따라서 두 사람은 딸기 $1+5=6$(개)를 먹었습니다.
귤: 재성이는 2개를 먹고 준호는 2개를 먹었습니다.
따라서 두 사람은 귤 $2+2=4$(개)를 먹었습니다.
➡ 6이 4보다 크므로 두 사람은 딸기를 귤보다 더 많이 먹었습니다.

16 색종이를 준서는 3조각, 수민이는 2조각을 가졌으므로 두 사람이 가진 조각은 $3+2=5$(조각)입니다.
색종이 9조각 중 두 사람이 가지고 남은 조각은 진우가 모두 가졌으므로 진우는 $9-5=4$(조각)을 가졌습니다.

memo

# 정답과 풀이

BOOK 2



일등 전략 1-1

# 정답과 풀이

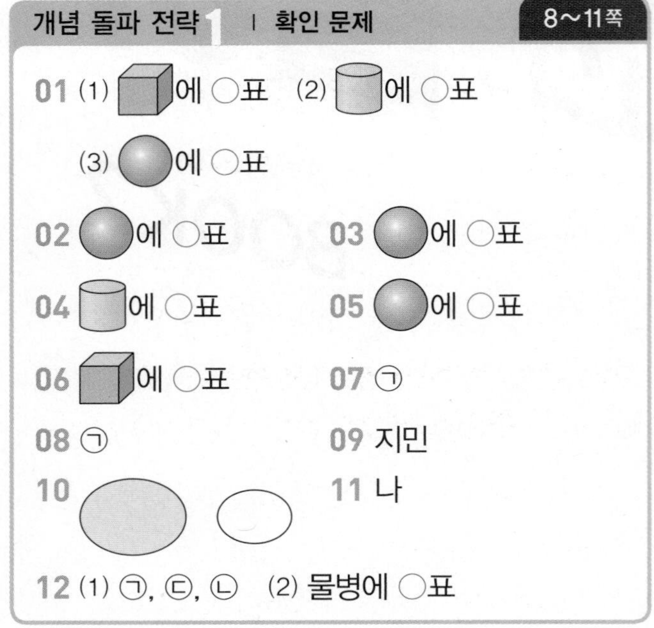

개념 돌파 전략 1 | 확인 문제 8~11쪽

01 (1) ▢에 ○표 (2) ▢에 ○표 (3) ○에 ○표
02 ○에 ○표 03 ○에 ○표
04 ▢에 ○표 05 ○에 ○표
06 ▢에 ○표 07 ㉠
08 ㉠ 09 지민
10
11 나
12 (1) ㉠, ㉢, ㉡ (2) 물병에 ○표

**01** (1) 주사위는 평평한 부분이 있고 뾰족한 부분이 있으므로 ▢ 모양입니다.
(2) 풀은 평평한 부분이 있고 둥근 부분이 있으므로 ▢ 모양입니다.
(3) 야구공은 둥근 부분만 있으므로 ○ 모양입니다.

**02** 둥근 부분만 있으므로 ○ 모양입니다.

**03** ○ 모양은 둥근 부분만 있으므로 쌓을 수 없습니다.

**04** ▢ 모양은 둥근 부분이 있으므로 굴리면 잘 굴러갑니다. 또 평평한 부분이 있으므로 잘 쌓을 수 있습니다.

**05** 둥근 부분만 있는 모양은 ○입니다.

**06** 모양을 만드는 데 ▢ 모양 4개, ▢ 모양 2개가 필요합니다. 따라서 가장 많이 필요한 모양은 ▢ 모양입니다.

**07** 양쪽 끝을 맞추었으므로 가장 많이 구부러진 것이 가장 깁니다.
따라서 ㉠이 가장 깁니다.

**08** 아래쪽 끝을 맞추었으므로 위쪽 끝이 가장 많이 올라간 것이 가장 높습니다. 따라서 ㉠이 가장 높습니다.

**09** 지민이가 서연이보다 무겁습니다. 지민이가 승호보다 무겁습니다.
지민이는 서연, 승호보다 무거우므로 지민이가 가장 무겁습니다.

**10** 서로 포개었을 때 남는 부분이 있는 것이 더 넓습니다. 따라서 왼쪽 모양이 오른쪽 모양보다 더 넓습니다.

**11** 작은 한 칸의 수를 세어 보면 가는 5칸, 나는 7칸입니다. 7이 5보다 크므로 나가 가보다 더 넓습니다.

**12** (1) 그릇의 크기가 더 클수록 담을 수 있는 양이 더 많습니다.
➡ 담을 수 있는 양이 많은 것부터 순서대로 쓰면 ㉠, ㉢, ㉡입니다.
(2) 주전자를 가득 채우려면 6컵이 필요하고 물병을 가득 채우려면 8컵이 필요합니다.
8이 6보다 크므로 물병이 담을 수 있는 양이 더 많습니다.

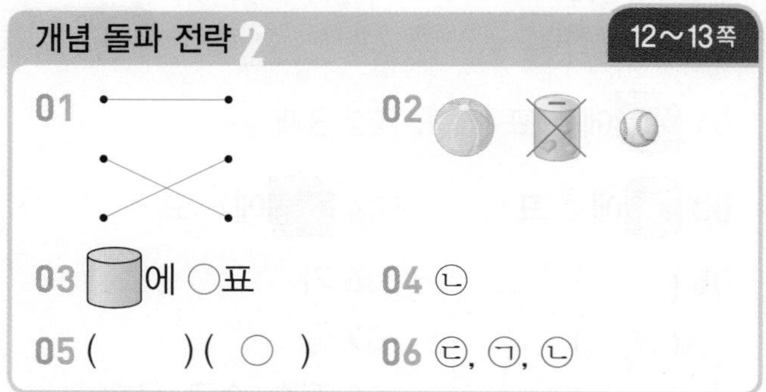
개념 돌파 전략 2 12~13쪽
01
02
03 에 ○표
04 ㉡
05 ( )( ○ )
06 ㉢, ㉠, ㉡

01 주사위: 모양
농구공: 모양
북: 모양

02 모양이 아닌 것을 찾습니다.
저금통은 평평한 부분과 둥근 부분이 있으므로 모양입니다.
따라서 모양이 아닌 것은 저금통입니다.

03 세 물건 모두 평평한 부분과 둥근 부분이 있습니다.
➡ 모양의 물건을 모았습니다.

04 왼쪽 끝을 맞추었으므로 오른쪽 끝이 가장 많이 나간 것이 가장 깁니다.
➡ ㉡이 가장 깁니다.

05 접은 종이 위에 필통을 올려놓았더니 접은 종이가 무너졌습니다.
➡ 필통이 지우개보다 더 무겁습니다.

06 서로 포개었을 때 남는 부분이 있는 것이 더 넓으므로 달력이 가장 넓고 수첩이 가장 좁습니다.
➡ 넓은 것부터 순서대로 기호를 쓰면 ㉢, ㉠, ㉡입니다.

1주 2일

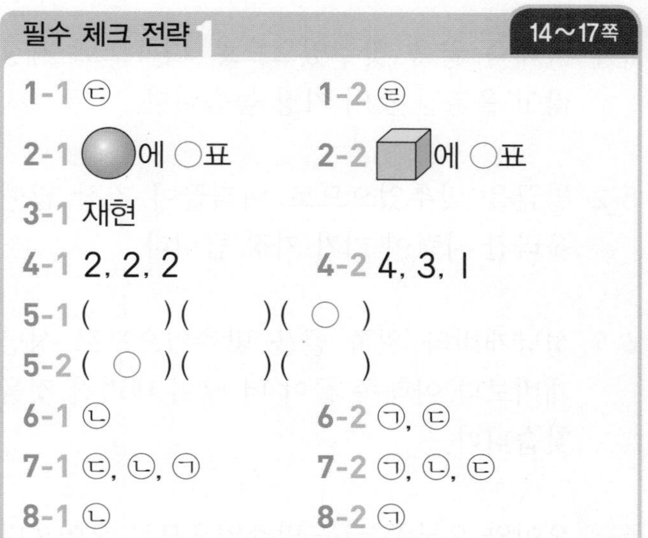
필수 체크 전략 1 14~17쪽
1-1 ㉢ 1-2 ㉣
2-1 에 ○표 2-2 에 ○표
3-1 재현
4-1 2, 2, 2 4-2 4, 3, 1
5-1 ( )( )( ○ )
5-2 ( ○ )( )( )
6-1 ㉡ 6-2 ㉠, ㉢
7-1 ㉢, ㉡, ㉠ 7-2 ㉠, ㉡, ㉢
8-1 ㉡ 8-2 ㉠

1-1 ㉠, ㉡, ㉣은 모양이고 ㉢은 모양입니다.
따라서 모양이 다른 하나는 ㉢입니다.

1-2 ㉠, ㉡, ㉢은 모양이고 ㉣은 모양입니다. 따라서 모양이 다른 하나는 ㉣입니다.

2-1 모양에 대한 설명입니다.

2-2 모양에 대한 설명입니다.

3-1 재현: 모양 3개
태연: 모양 2개, 모양 1개
➡ 같은 모양의 물건만 모은 사람은 재현입니다.

4-1 모양 2개, 모양 2개, 모양 2개를 사용했습니다.

BOOK 2

**4-2** 모양 4개, 모양 3개, 모양 1개를 사용했습니다.

**5-1** 아래쪽 끝을 맞추었으므로 위쪽으로 가장 많이 올라간 것이 가장 높습니다.

**5-2** 발끝을 맞추었으므로 머리끝이 가장 많이 올라간 사람이 키가 가장 큽니다.

**6-1** 성냥개비와 위쪽 끝을 맞추었으므로 성냥개비보다 아래쪽 끝이 더 많이 내려간 것을 찾습니다.

**6-2** 오이와 오른쪽 끝을 맞추었으므로 오이보다 왼쪽 끝이 더 적게 나간 것을 찾습니다.

**7-1** 호박이 가장 무겁고 귤이 가장 가볍습니다.
따라서 무거운 것부터 순서대로 쓰면 ㉢, ㉡, ㉠입니다.

**7-2** 자전거가 가장 가볍고 버스가 가장 무겁습니다.
따라서 가벼운 것부터 순서대로 쓰면 ㉠, ㉡, ㉢입니다.

**8-1** ㉡이 ㉠보다 더 무겁습니다.
㉡이 ㉢보다 더 무겁습니다.
따라서 ㉡이 ㉠, ㉢보다 무거우므로 ㉡이 가장 무겁습니다.

**8-2** ㉠이 ㉢보다 더 가볍습니다.
㉢이 ㉡보다 더 가볍습니다.
따라서 ㉠이 ㉢보다 더 가볍고 ㉢이 ㉡보다 더 가벼우므로 ㉠이 가장 가볍습니다.

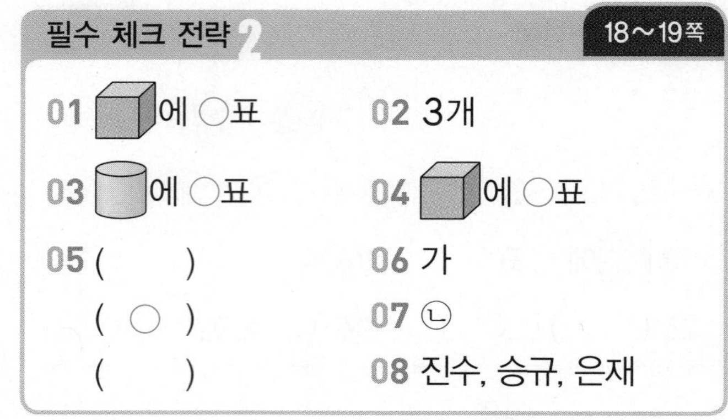
필수 체크 전략 2 18~19쪽

01 에 ○표　02 3개
03 에 ○표　04 에 ○표
05 ( ) ( ○ ) ( )　06 가
07 ㉡
08 진수, 승규, 은재

**01** 준영: 모양, 모양
지훈: 모양, 모양
➡ 두 사람이 모두 가지고 있는 모양은 모양입니다.

**02** 모양: 음료수 캔, 저금통, 케이크 ➡ 3개

**03** 모양: 주사위, 책, 물감상자 → 3개
모양: 물병, 풀 → 2개
모양: 지구본 → 1개
➡ 2개인 모양은 모양입니다.

**04** 모양 3개, 모양 2개, 모양 2개로 만든 모양입니다.

**05** 연필과 숟가락은 왼쪽 끝을 맞추었으므로 오른쪽 끝이 더 많이 나간 숟가락이 연필보다 더 깁니다.
숟가락과 치약은 오른쪽 끝을 맞추었으므로 왼쪽 끝이 더 많이 나간 숟가락이 치약보다 더 깁니다.
➡ 숟가락이 가장 깁니다.

06 가, 나는 양쪽 끝을 맞추었으므로 많이 구부러져 있을수록 깁니다.
따라서 가가 나보다 더 깁니다.

07 올려놓은 물건이 무거울수록 상자는 많이 찌그러집니다.
따라서 가장 무거운 물건은 가장 많이 찌그러진 ㉡에 올려놓은 것입니다.

08 진수는 승규보다 더 가볍습니다.
승규는 은재보다 더 가볍습니다.
➡ 진수가 가장 가볍고 은재가 가장 무겁습니다.

1주 3일

**필수 체크 전략 1** 20～23쪽

1-1 (공 모양)에 ○표　　1-2 (원기둥 모양)에 ○표
2-1 (상자 모양)에 ○표　　2-2 (원기둥 모양)에 ○표
3-1 ㉠, ㉢　　3-2 ㉡, ㉢
4-1 ( ○ )(　)
5-1 (　)(　)( ○ )
5-2 (　)(　)( △ )
6-1 다
7-1 지우　　7-2 준재
8-1 ㉡, ㉠, ㉢　　8-2 ㉢, ㉡, ㉠

1-1 둥근 부분만 있으므로 (공) 모양입니다.

1-2 평평한 부분도 있고 둥근 부분도 있으므로 (원기둥) 모양입니다.

2-1 잘 쌓을 수 있으므로 평평한 부분이 있습니다.
어느 방향으로도 잘 굴러가지 않으므로 둥근 부분이 없습니다.
따라서 (상자) 모양에 대한 설명입니다.

2-2 잘 쌓을 수 있으므로 평평한 부분이 있습니다.
눕히면 잘 굴러가므로 둥근 부분이 있습니다.
따라서 (원기둥) 모양에 대한 설명입니다.

3-1 (원기둥) 모양, (공) 모양은 둥근 부분이 있으므로 굴리면 잘 굴러갑니다.

3-2 (공) 모양은 잘 쌓을 수 없지만 굴리면 잘 굴러갑니다.

4-1 (상자) 모양 2개, (원기둥) 모양 1개, (공) 모양 3개를 사용하여 만든 모양을 찾습니다.

5-1 서로 포개었을 때 가장 많이 남는 것이 가장 넓습니다.

5-2 서로 포개었을 때 남는 것이 없는 것이 가장 좁습니다.

6-1 가는 6칸, 나는 5칸, 다는 7칸입니다.
➡ 7이 가장 크므로 다가 가장 넓습니다.

7-1 두 사람의 머리끝이 맞추어져 있으므로 발끝이 더 많이 내려간 지우가 소미보다 키가 더 큽니다.

BOOK 2

7-2 수지와 준재는 머리끝이 맞추어져 있으므로 발끝이 더 많이 내려간 준재가 수지보다 키가 더 큽니다.
민수와 준재는 발끝이 맞추어져 있으므로 머리끝이 더 많이 올라간 준재가 민수보다 키가 더 큽니다.
➡ 키가 가장 큰 사람은 준재입니다.

8-1 그릇에 들어 있는 물의 높이가 같으므로 그릇의 크기 순서대로 담긴 물의 양이 많습니다.

8-2 ㉠, ㉡은 같은 그릇이므로 물의 높이가 더 높은 ㉡에 담긴 물의 양이 더 많습니다.
㉡, ㉢은 물의 높이가 같으므로 그릇이 더 큰 ㉢에 담긴 물의 양이 더 많습니다.
➡ 담긴 물의 양이 많은 것부터 순서대로 쓰면 ㉢, ㉡, ㉠입니다.

**필수 체크 전략 2** 24~25쪽

| | |
|---|---|
| 01 2개 | 02 ㉠, ㉣ |
| 03 [원기둥] 에 ×표 | 04 ( )( ○ ) |
| 05 창문 | 06 ( )( ○ ) |
| 07 주전자 | 08 동수, 민기, 준호 |

01 오른쪽 모양은 둥근 부분만 있으므로 [공] 모양입니다.
➡ [공] 모양의 물건은 야구공, 축구공으로 모두 2개입니다.

02 [상자] 모양에 대한 설명입니다.
➡ [상자] 모양의 물건은 ㉠, ㉣입니다.

03 [상자] 모양 4개, [공] 모양 3개로 만든 모양입니다.
➡ [원기둥] 모양은 필요하지 않습니다.

04 왼쪽 모양은 [상자] 모양 2개, [원기둥] 모양 4개, [공] 모양 3개로 만들었습니다.

05 액자는 거울보다 더 좁으므로 거울은 액자보다 더 넓습니다. 거울보다 더 넓은 창문은 액자보다 더 넓습니다.
➡ 창문이 가장 넓습니다.

06 왼쪽 모양은 △ 모양이 4개이고 오른쪽 모양은 △ 모양이 6개입니다. 6은 4보다 크므로 오른쪽 모양이 더 넓습니다.

07 주전자를 가득 채운 물을 그릇에 모두 옮겨 담지 못했습니다.
➡ 담을 수 있는 물의 양은 주전자가 그릇보다 많습니다.

08 민기는 준호보다 더 무겁습니다. 동수는 민기보다 더 무겁습니다.
➡ 무거운 사람부터 순서대로 쓰면 동수, 민기, 준호입니다.

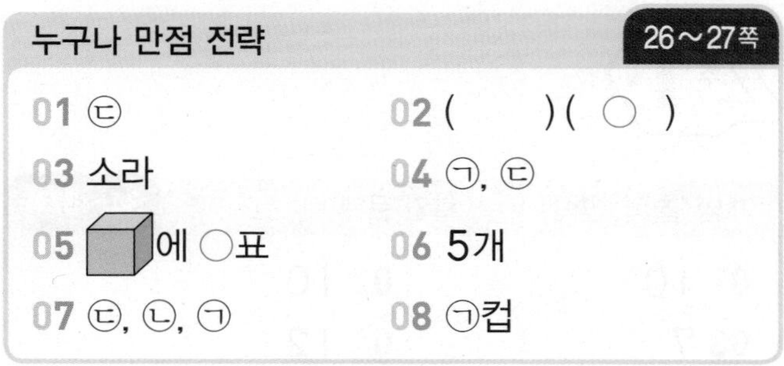

누구나 만점 전략 26~27쪽

| | |
|---|---|
| 01 ㉢ | 02 (　　)( ○ ) |
| 03 소라 | 04 ㉠, ㉢ |
| 05 에 ○표 | 06 5개 |
| 07 ㉢, ㉡, ㉠ | 08 ㉠컵 |

01 ㉠, ㉡, ㉣: 모양

㉢: 모양

➡ 모양이 다른 하나는 ㉢입니다.

02 모양 2개, 모양 4개, 모양 3개를 사용하여 만든 모양을 찾습니다.

03 진경이는 호연이보다 키가 더 큽니다.
윤주는 진경이보다 키가 더 큽니다.
소라는 윤주보다 키가 더 큽니다.
➡ 소라의 키가 가장 큽니다.

04 ㉠, ㉡은 빗과 왼쪽 끝을 맞췄으므로 오른쪽 끝이 빗보다 적게 나간 ㉠이 빗보다 더 짧습니다.
㉢은 빗과 오른쪽 끝을 맞추고 왼쪽 끝이 빗보다 적게 나갔으므로 빗보다 더 짧습니다.
➡ 빗보다 더 짧은 것은 ㉠, ㉢입니다.

05 뾰족한 부분이 있고 평평한 부분이 있으므로 모양입니다.

06 모양, 모양은 쌓을 수 있습니다.
모양은 둥근 부분만 있으므로 쌓을 수 없습니다.

07 ㉡은 ㉠보다 더 가볍고 ㉢은 ㉡보다 더 가벼우므로 ㉢이 가장 가볍습니다.
➡ 가벼운 공부터 순서대로 쓰면 ㉢, ㉡, ㉠입니다.

08 양동이는 냄비보다 크므로 물을 가득 채우기 위해 부은 물의 양은 양동이가 냄비보다 많습니다.
물을 부은 횟수가 6번으로 같으므로 양동이를 채운 ㉠ 컵에 물을 더 많이 담을 수 있습니다.

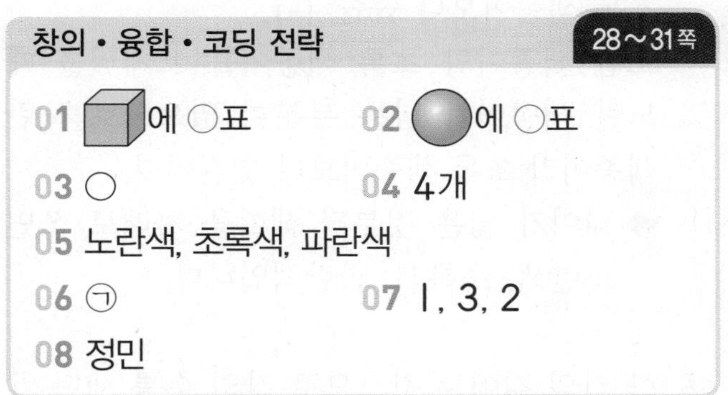

창의 • 융합 • 코딩 전략 28~31쪽

| | |
|---|---|
| 01 에 ○표 | 02 에 ○표 |
| 03 ○ | 04 4개 |
| 05 노란색, 초록색, 파란색 | |
| 06 ㉠ | 07 1, 3, 2 |
| 08 정민 | |

01 모양, 모양, 모양이 반복되는 규칙입니다.
➡ 볼링공은 모양, 롤케이크는 모양이므로 다음에 이어질 모양은 모양입니다.

02 오른쪽 모양을 만드는 데
모양 2개, 모양 4개, 모양 1개를 사용했습니다.
➡ 모양 $2-1=1$(개)가 남습니다.

BOOK 2

03 모양은 평평한 부분이 있습니다. ➡ 예
모양은 둥근 부분이 있습니다. ➡ 예
따라서 ○가 출력되어 나옵니다.

04 쌓을 수 있는 모양은 모양, 모양입니다.
➡ 모양: 주사위, 성냥갑 (2개)
모양: 사탕 상자, 저금통 (2개)
따라서 모두 $2+2=4$(개)입니다.

05 파란 색종이는 포개었을 때 초록 색종이에 대해 남는 부분이 없으므로 파란 색종이는 초록 색종이보다 좁습니다.
노란 색종이와 초록 색종이를 포개었을 때 노란 색종이가 남는 부분이 있으므로 노란 색종이가 초록 색종이보다 넓습니다.
➡ 넓이가 넓은 것부터 색깔을 차례로 쓰면 노란색, 초록색, 파란색입니다.

06 한 칸의 길이는 같으므로 칸의 수를 세면 ㉠ 길은 9칸, ㉡ 길은 11칸입니다.
9가 11보다 작으므로 ㉠ 길이 더 짧습니다.

07 용수철에 매달린 추가 무거울수록 용수철은 더 많이 늘어납니다.
➡ 가장 많이 늘어난 용수철에 매달린 추가 가장 무겁고 가장 적게 늘어난 용수철에 매달린 추가 가장 가볍습니다.

08 두 컵에 담긴 우유의 높이가 같으므로 큰 컵에 담긴 우유의 양이 더 많습니다.
➡ 정민이가 우유를 더 많이 남겼습니다.

## 2주 1일

**개념 돌파 전략 1 | 확인 문제** 34~37쪽

| | |
|---|---|
| 01 10 | 02 10 |
| 03 7 | 04 12 |
| 05 17 | 06 11 |
| 07 (1) 2 (2) 5 | 08 사십, 마흔 |
| 09 (1) 2, 8 (2) 4, 5 | 10 31 |
| 11 33 | 12 43에 ○표 |
| 13 46에 ○표 | 14 47에 ○표 |
| 15 40 41 42 43 44 | |

01 9보다 1만큼 더 큰 수는 10입니다. 수를 순서대로 썼을 때 9 다음의 수는 10입니다.

02 4와 6을 모으기하면 10입니다.

03 10에서 3번 거꾸로 세면 9, 8, 7입니다.
➡ 10은 3과 7로 가르기 할 수 있습니다.

04 10개씩 묶음이 1개, 낱개가 2개인 수는 12입니다.

05 16부터 수를 순서대로 쓰면 16, 17, 18, ...입니다.
➡ 16과 18 사이의 수는 17입니다.

06 8에서 3번 이어 세면 9, 10, 11입니다.
➡ 8과 3을 모으기 하면 11입니다.

07 (1) 11은 9와 2로 가르기 할 수 있습니다.
(2) 13은 8과 5로 가르기 할 수 있습니다.

08 10개씩 묶음이 4개인 수는 40이다. 40은 사십 또는 마흔이라고 읽습니다.

09 (1) 28 ➡ 10개씩 묶음 2개, 낱개 8개
(2) 45 ➡ 10개씩 묶음 4개, 낱개 5개

10 10개씩 묶음 3개, 낱개 1개 ➡ 31

11 13은 10개씩 묶음이 1개, 낱개가 3개입니다. ➡ 10개씩 묶음이 $2+1=3$(개), 낱개가 3개이므로 33입니다.

12 32와 43의 10개씩 묶음의 수를 비교하면 4가 3보다 큽니다. 따라서 43이 32보다 큽니다.

13 46과 41의 10개씩 묶음의 수는 4로 같으므로 낱개의 수를 비교합니다. 6은 1보다 크므로 46이 41보다 큽니다.

14 세 수의 10개씩 묶음의 수를 비교하면 4가 가장 큽니다. ➡ 가장 큰 수는 47입니다.

15 42보다 작은 수는 수를 순서대로 썼을 때 42보다 앞에 있습니다.

**개념 돌파 전략 2** 38~39쪽

01 예 ○○○○○○○ ○○○

02 16　　03 2개

04 이십팔, 스물여덟

05 (1) 20, 23 (2) 36, 37

06 32, 29

01 ○는 9개입니다.
10은 9보다 1만큼 더 큰 수이므로 ○를 1개 더 그리면 ○가 10개입니다.

02 귤은 10개씩 묶음이 1개, 낱개가 6개입니다.
➡ 귤은 16개입니다.

03 봉지 안에 사과가 9개입니다.
➡ 9와 2를 모으기 하면 11이므로 사과를 2개 더 넣어야 합니다.

04 벌은 10마리씩 묶음이 2개, 낱개가 8개입니다. ➡ 벌의 수는 28이고 이십팔 또는 스물여덟이라고 읽습니다.

05 수를 순서대로 씁니다.

06 29와 32의 10개씩 묶음의 수를 비교하면 3이 2보다 크므로 32는 29보다 큽니다.

BOOK 2

## 2주 2일

**필수 체크 전략 1** 40~43쪽

| | |
|---|---|
| 1-1 10 | 1-2 10 |
| 2-1 4권 | 2-2 2개 |
| 3-1 15개 | 3-2 18개 |
| 4-1 15, 16 | 4-2 17, 19 |
| 5-1 17송이 | 5-2 2개 |
| 6-1 (1) 12 (2) 8 | 6-2 (1) 13 (2) 8 |
| 7-1 9, 6에 ○표 | 7-2 8, 6에 ○표 |
| 8-1 8개 | 8-2 9개 |

1-1 2와 8을 모으기 하면 10입니다.

1-2 5와 5로 가르기 한 수는 5와 5를 모으기 한 수입니다.
➡ 5와 5를 모으기 하면 10입니다.

2-1 10은 6보다 4만큼 더 큰 수입니다.
6권을 읽었으므로 10권을 읽으려면 4권을 더 읽어야 합니다.

2-2 8은 10보다 2만큼 더 작은 수입니다.
8개를 맞혔으므로 10개 중에 2개를 틀렸습니다.

3-1 딸기는 10개씩 묶음이 1개, 낱개가 5개입니다.
따라서 딸기는 15개입니다.

3-2 모자는 10개씩 묶음이 1개, 낱개가 8개입니다.
따라서 모자는 18개입니다.

4-1 14보다 1만큼 더 큰 수는 15입니다.
15보다 1만큼 더 큰 수는 16입니다.

4-2 16보다 1만큼 더 큰 수는 17입니다.
18보다 1만큼 더 큰 수는 19입니다.

5-1 장미는 10송이씩 1묶음, 낱개가 7송이입니다.
따라서 장미는 17송이입니다.

5-2 6과 6을 모으기 하면 12입니다.
12는 10개씩 묶음이 1개, 낱개가 2개이므로 상자에서 사과 10개를 꺼내면 2개가 남습니다.

6-1 (1) 7과 5를 모으기 하면 12입니다.
(2) 15는 7과 8로 가르기 할 수 있습니다.

6-2 (1) 6과 7을 모으기 하면 13입니다.
(2) 16은 8과 8로 가르기 할 수 있습니다.

7-1 9와 6을 모으기 하면 15가 됩니다.

7-2 8과 6을 모으기 하면 14가 됩니다.

8-1 16은 8과 8로 가르기 할 수 있습니다.
따라서 사탕 16개를 2명이 똑같이 나누어 가지려면 한 사람은 사탕 8개를 가져야 합니다.

8-2 18은 9와 9로 가르기 할 수 있습니다.
따라서 구슬 18개를 2명이 똑같이 나누어 가지려면 한 사람은 구슬 9개를 가져야 합니다.

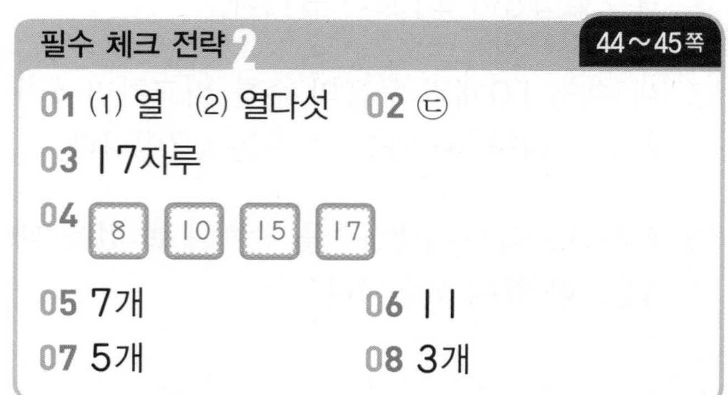
필수 체크 전략 2 44~45쪽

01 (1) 열 (2) 열다섯 02 ㉢
03 17자루
04 8 10 15 17
05 7개 06 11
07 5개 08 3개

01 10살 ➡ 열 살, 15개 ➡ 열다섯 개

02 ㉠, ㉡: 10
㉢: 11
➡ 가리키는 수가 다른 것은 ㉢입니다.

03 정수가 가진 연필은 15자루입니다.
진우는 2자루를 가지고 있으므로 두 사람이 가진 연필은 10자루씩 묶음 1개, 낱개 $5+2=7$(자루)입니다. ➡ 17자루

04 수 카드 4장을 수의 순서대로 늘어놓으면 8, 10, 15, 17입니다.

05 구슬의 수는 9와 8을 모으기 한 17입니다. 17은 10개씩 묶음이 1개, 낱개가 7개이므로 구슬 10개를 담으면 7개가 남습니다.

06 10과 19 사이의 수이므로 10개씩 묶음은 1개입니다.
낱개는 1개이므로 건우가 설명하는 수는 11입니다.

07 6과 7을 모으기 하면 13입니다.
13은 8과 5로 가르기 할 수 있으므로 사과 13개 중에 8개를 먹으면 5개가 남습니다.

08 15는 6과 9로 가르기 할 수 있으므로 동생은 구슬을 9개 가집니다.
따라서 동생은 형보다 구슬을
9－6＝3(개) 더 가집니다.

## 2주 3일

### 필수 체크 전략 1 (46~49쪽)

| | |
|---|---|
| 1-1 ㉢ | 1-2 ㉡ |
| 2-1 25장 | 2-2 43대 |
| 3-1 23개 | 3-2 47개 |
| 4-1 4개 | 4-2 5개 |
| 5-1 43, 44, 45, 46, 47 | |
| 5-2 38, 39, 40, 41, 42 | |
| 6-1 백현 | 6-2 귤 |
| 7-1 33 | 7-2 48, 49 |
| 8-1 31 | 8-2 43 |

1-1 ㉢ 23은 10개씩 묶음이 2개, 낱개가 3개이므로 10개씩 묶음의 수는 2입니다.

1-2 ㉠ 스물넷은 24입니다. 24는 10개씩 묶음이 2개, 낱개가 4개이므로 10개씩 묶음의 수는 2입니다.
㉡ 마흔넷은 44입니다. 44는 10개씩 묶음이 4개, 낱개가 4개이므로 10개씩 묶음의 수는 4입니다.
㉢ 삼십사는 34입니다. 34는 10개씩 묶음이 3개, 낱개가 4개이므로 10개씩 묶음의 수는 3입니다.

2-1 치즈가 10장씩 묶음이 2개, 낱개가 5장이므로 치즈는 모두 25장입니다.

2-2 주차장에 자동차가 10대씩 묶음이 4줄, 낱개가 3대이므로 자동차는 모두 43대입니다.

3-1 귤 13개를 10개씩 묶어 세면 10개씩 묶음이 1개, 낱개가 3개입니다.
➡ 귤은 10개씩 묶음이 1＋1＝2(개)이고 낱개는 3개이므로 모두 23개입니다.

3-2 귤 27개를 10개씩 묶어 세면 10개씩 묶음이 2개, 낱개가 7개입니다.
➡ 귤은 10개씩 묶음이 2＋2＝4(개)이고 낱개가 7개이므로 모두 47개입니다.

4-1 40은 10개씩 묶음이 4개입니다.

4-2 50은 10개씩 묶음이 5개입니다.

BOOK 2

**5-1** 10개씩 묶음의 수가 4로 같으므로 낱개의 수를 비교하면 3이 가장 작습니다.
따라서 43부터 1씩 커지도록 씁니다.

**5-2** 10개씩 묶음의 수를 비교하면 3이 4보다 작으므로 38과 39의 낱개의 수를 비교합니다. 8이 9보다 작으므로 38이 가장 작습니다.
따라서 38부터 1씩 커지도록 씁니다.

**6-1** 39, 41, 24의 10개씩 묶음의 수를 비교하면 4가 가장 크므로 41이 가장 큽니다.
따라서 백현이의 점수가 가장 높습니다.

**6-2** 30, 24, 20의 10개씩 묶음의 수를 비교하면 2가 3보다 작으므로 24와 20의 낱개의 수를 비교합니다. 0이 4보다 작으므로 20이 가장 작습니다.
따라서 귤을 가장 적게 땄습니다.

**7-1** 30보다 크고 40보다 작으면 10개씩 묶음의 수는 3입니다. 낱개의 수는 10개씩 묶음의 수와 같으므로 3입니다.
➡ 10개씩 묶음이 3개, 낱개가 3개인 수는 33입니다.

**7-2** 10개씩 묶음 4개와 낱개 7개인 수는 47이므로 47보다 큽니다.
➡ 47보다 크고 50보다 작은 수는 48, 49입니다.

**8-1** 수 카드를 이용하여 13, 31을 만들 수 있습니다.
13과 31의 10개씩 묶음의 수를 비교하면 3이 1보다 크므로 31이 더 큽니다.

**8-2** 수 카드를 이용하여 23, 24, 32, 34, 42, 43을 만들 수 있습니다.
10개씩 묶음의 수를 비교하면 4가 가장 크므로 42와 43의 낱개의 수를 비교합니다. 3이 2보다 크므로 43이 가장 큽니다.

**필수 체크 전략 2** 50~51쪽

| | | | |
|---|---|---|---|
| 01 | 3개 | 02 | 20명 |
| 03 | 헌수 | 04 | 2개 |
| 05 | 23일, 24일 | 06 | 4대 |
| 07 | 이십이, 스물둘 | | |

08
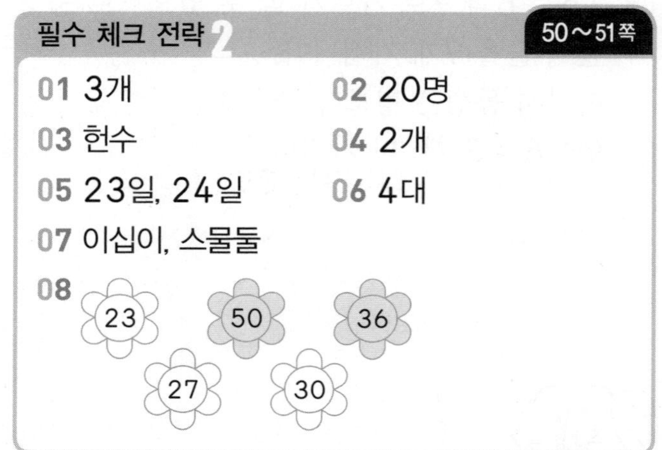


**01** 모양을 한 개 만드는 데 ▢이 10개가 필요합니다.
38은 10개씩 묶음이 3개, 낱개가 8개이므로 ▢ 38개로 모양을 3개 만들 수 있습니다.

**02** 전체 학생은 10명씩 묶음이 3개이고 안경을 쓴 학생은 10명씩 묶음이 1개입니다.
따라서 안경을 쓰지 않은 학생은 10명씩 묶음이 3－1＝2(개)입니다.
➡ 10명씩 묶음이 2개이므로 20명입니다.

03 43은 34보다 큽니다.
따라서 헌수의 설명이 틀렸습니다.

04 48은 10개씩 묶음이 4개, 낱개가 8개입니다.
8과 2를 모으기 하면 10이므로 배가 2개 더 있으면 배가 10개씩 5묶음입니다.
➡ 배가 2개 더 필요합니다.

05 축제는 21일, 22일, 23일, 24일에 열립니다. 바자회는 23일, 24일, 25일, 26일에 열립니다.
➡ 축제와 바자회가 동시에 열리는 날은 23일, 24일입니다.

06 38과 43 사이의 수는 39, 40, 41, 42입니다.
➡ 38번과 43번 자전거 사이에 자전거가 4대 있습니다.

07 10개씩 묶음의 수를 비교하면 2가 3보다 작습니다. 따라서 가장 작은 수의 10개씩 묶음의 수는 2입니다.
22와 29의 낱개의 수를 비교하면 2가 9보다 작습니다.
➡ 가장 작은 수는 22이고 22는 이십이 또는 스물둘이라고 읽습니다.

08 50과 35의 10개씩 묶음의 수를 비교하면 5가 3보다 크므로 50이 35보다 큽니다.
36과 35의 10개씩 묶음의 수는 3으로 같으므로 낱개의 수를 비교하면 6이 5보다 크므로 36이 35보다 큽니다.

누구나 만점 전략 52~53쪽

01 (1) 7 (2) 8
02 24마리
03 5개
04
05

06 35개
07 민주
08 민상
09 42
10

| 21 | 22 | 23 | 24 | 25 | 26 |
|---|---|---|---|---|---|
| 31 | 32 | 33 | 34 | | |

01 (1) 10은 3과 7로 가르기 할 수 있습니다.
(2) 15는 7과 8로 가르기 할 수 있습니다.

02 나비는 10마리씩 묶음이 2개, 낱개가 4마리입니다.
➡ 나비는 모두 24마리입니다.

03 50은 10개씩 묶음이 5개입니다.

04 4와 8을 모으기 하면 12입니다.
6과 6을 모으기 하면 12입니다.

05 43은 10개씩 묶음의 수가 4입니다.
19는 10개씩 묶음의 수가 1입니다.
쉰(50)은 10개씩 묶음의 수가 5입니다.
스물(20)은 10개씩 묶음의 수가 2입니다.

06 밤 15개를 10개씩 묶어 세면 10개씩 묶음이 1개, 낱개가 5개입니다.
➡ 밤은 10개씩 묶음이 2+1=3(개)이고 낱개는 5(개)이므로 모두 35개입니다.

07 30, 32, 28의 10개씩 묶음의 수를 비교하면 2가 가장 작습니다.
➡ 민주의 점수가 가장 낮습니다.

08 창호는 붙임딱지를 25장 모았고, 민상이는 붙임딱지를 28장 모았습니다.
➡ 25와 28은 10개씩 묶음의 수가 2로 같으므로 낱개의 수를 비교하면 8이 5보다 크므로 민상이가 붙임딱지를 더 많이 모았습니다.

09 수 카드를 이용하여 20, 24, 40, 42를 만들 수 있습니다.
➡ 만들 수 있는 가장 큰 수는 42입니다.

10 수를 순서대로 씁니다.

창의 • 융합 • 코딩 전략 54~57쪽

01 8, 9
02 2
03 영우
04 41
05

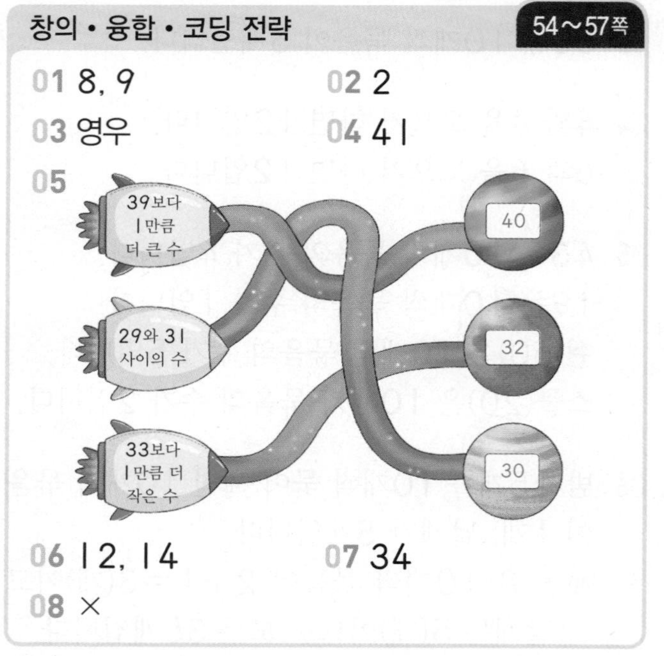


06 12, 14
07 34
08 ×

01 건우가 설명하는 수는 28입니다. 28은 10개씩 묶음이 2개, 낱개가 8개입니다.
10개씩 묶음이 2개인 수 중에 28보다 큰 수는 29입니다.

02 8과 4를 모으기 하면 12이고 12는 6과 6으로 가르기 할 수 있습니다.
따라서 은지가 연우에게 단팥빵 2개를 주면 단팥빵이 6개로 같아집니다.

03 태오: 28번, 29번, 30번, 31번 문제를 풀었으므로 4문제를 풀었습니다.
영우: 20번, 21번, 22번, 23번, 24번 문제를 풀었으므로 5문제를 풀었습니다.
➡ 영우가 태오보다 더 많은 문제를 풀었습니다.

04 • 38보다 크고 45보다 작습니다.
➡ 39, 40, 41, 42, 43, 44
• 39, 40, 41, 42, 43, 44 중 10개씩 묶고 남은 낱개가 1인 것은 41입니다.
따라서 보물 상자의 비밀번호는 41입니다.

05 39보다 1만큼 더 큰 수는 40입니다.
29와 31 사이의 수는 30입니다.
33보다 1만큼 더 작은 수는 32입니다.

06 (1) Ⅴ는 5를 나타내고 Ⅶ은 7을 나타냅니다.
➡ 5와 7을 모으기 하면 12입니다.
(2) Ⅷ은 8을 나타내고 Ⅵ은 6을 나타냅니다.
➡ 8과 6을 모으기 하면 14입니다.

07 10개씩 묶음의 수를 비교하면 4가 가장 크므로 43이 가장 큽니다.
10개씩 묶음의 수가 3인 34와 30의 낱개의 수를 비교하면 4가 0보다 크므로 34가 30보다 큽니다.
따라서 둘째로 큰 수는 34입니다.

08 • 32와 35는 10개씩 묶음의 수가 3으로 같으므로 낱개를 비교하면 2가 5보다 작으므로 32는 35보다 작습니다.
➡ 35보다 크지 않습니다.
• 32는 10개씩 묶음이 3개, 낱개가 2개입니다.
➡ 10개씩 묶음의 수는 2가 아닙니다.
따라서 32를 입력하면 ×가 출력되어 나옵니다.

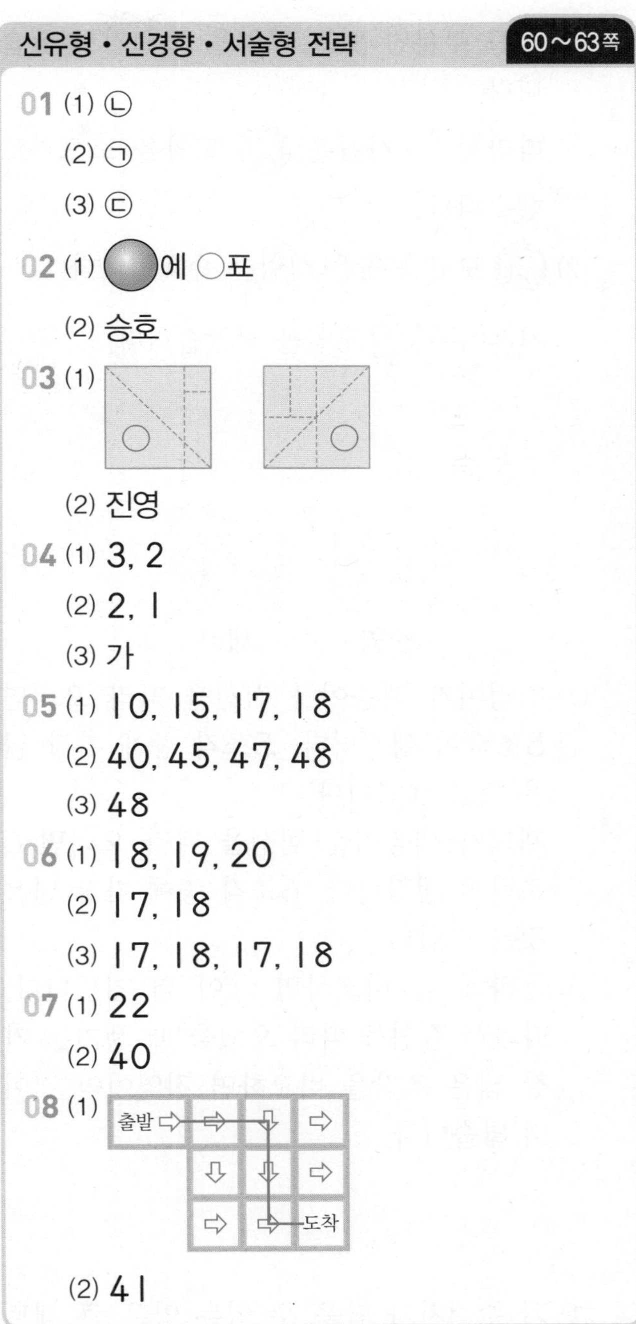

**신유형 • 신경향 • 서술형 전략** 60~63쪽

01 (1) ㉡
(2) ㉠
(3) ㉢

02 (1) (공 모양)에 ○표
(2) 승호

03 (1)
(2) 진영

04 (1) 3, 2
(2) 2, 1
(3) 가

05 (1) 10, 15, 17, 18
(2) 40, 45, 47, 48
(3) 48

06 (1) 18, 19, 20
(2) 17, 18
(3) 17, 18, 17, 18

07 (1) 22
(2) 40

08 (1) 출발 ⇨ ⇨ ⇩ ⇨ / ⇩ ⇩ ⇨ / ⇨ ⇨ 도착
(2) 41

01 (1) (원기둥) 모양을 위에서 보면 ○ 모양입니다.
(2) (원기둥) 모양을 옆에서 보면 □ 모양입니다.
(3) (원기둥) 모양을 위에서 보면 ○ 모양, 옆에서 보면 □ 모양으로 보인다. 어느 방향에서 보아도 △ 모양으로는 보이지 않습니다.

BOOK 2

**02** (1) 둥근 부분만 있는 모양을 모으기로 했습니다.
따라서 두 사람은 모양을 모으기로 했습니다.
(2) 모양을 찾은 사람은 승호입니다.
지훈이는 모양을 찾았습니다.

**03**

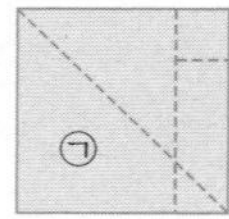

진영

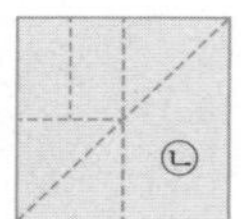

재희

(1) 진영이가 색종이를 점선을 따라 오리면 5조각이 생깁니다. 5조각 중에 가장 넓은 것은 ㉠입니다.
재희가 색종이를 점선을 따라 오리면 6조각이 생깁니다. 6조각 중에 가장 넓은 것은 ㉡입니다.
(2) ㉠과 ㉡을 비교하면 ㉠이 더 넓습니다.
따라서 점선을 따라 오렸을 때 생기는 가장 넓은 조각을 비교하면 진영이의 것이 더 넓습니다.

**04** (1) 가 주전자가 담을 수 있는 양은 큰 페트병 3개, 작은 페트병 2개와 같습니다.
(2) 나 주전자가 담을 수 있는 양은 큰 페트병 2개, 작은 페트병 1개와 같습니다.
(3) 큰 페트병의 수를 비교하면 가가 나보다 많고 작은 페트병의 수를 비교해도 가가 나보다 많으므로 담을 수 있는 양이 더 많은 주전자는 가입니다.

**05** (1) 1 을 뽑았으므로 10개씩 묶음의 수는 1입니다.
따라서 노란색 카드는 낱개의 수를 나타내므로 0을 뽑으면 10, 5를 뽑으면 15, 7을 뽑으면 17, 8을 뽑으면 18을 만들 수 있습니다.
(3) 빨간색 카드의 수 중에서 가장 큰 수를 10개씩 묶음의 수로 하고 노란색 카드의 수 중에서 가장 큰 수를 낱개의 수로 합니다.
➡ 10개씩 묶음의 수가 4이고 낱개의 수가 8인 48이 만들 수 있는 수 중에서 가장 큰 수입니다.

**06** (1) 14보다 큰 수는 15, 16, 17, 18, 19, 20, ...입니다.
(2) 15, 16, 17, 18, 19, 20, ... 중에 19보다 작은 수는 15, 16, 17, 18입니다.
(3) 15, 16, 17, 18 중에 16보다 큰 수는 17, 18입니다.
➡ ■ 안에 들어갈 수 있는 수는 17, 18입니다.

**07** (1) 22와 30의 10개씩 묶음의 수를 비교하면 2가 3보다 작으므로 22가 30보다 작습니다.
41과 30의 10개씩 묶음의 수를 비교하면 4가 3보다 크므로 41이 30보다 큽니다.
➡ 30보다 작은 수는 22입니다.
(2) 40은 낱개의 수가 0이고 35는 낱개의 수가 5입니다.
➡ 낱개의 수가 4보다 작은 수는 40입니다.

08 (1) '출발'부터 화살표에 따라 '도착'까지 이동합니다.
(2) 9부터 출발하면 9－19－29－30－31－41입니다.

고난도 해결 전략 1회 64~67쪽

| | |
|---|---|
| 01 (원기둥)에 ○표 | 02 3개 |
| 03 ㉠ | 04 ( )<br>( )<br>( × ) |
| 05 (공)에 ○표 | 06 (상자)에 ○표 |
| 07 현지 | 08 ㉠, ㉥ |
| 09 1개 | 10 냄비, 주전자 |
| 11 ( )( ○ ) | 12 노란색 |
| 13 ( )( ○ ) | 14 (원기둥)에 ○표 |
| 15 ㉠ | 16 가, 라 |

01 민선: (원기둥) 모양, (공) 모양
지욱: (상자) 모양, (원기둥) 모양
➡ 두 사람이 모두 가지고 있는 모양은 (원기둥) 모양입니다.

02 (상자) 모양: ㉠, ㉣, ㉤
(원기둥) 모양: ㉢
(공) 모양: ㉡, ㉥
➡ (상자) 모양은 3개입니다.

03 구슬이 무거울수록 용수철이 많이 늘어납니다.
➡ 용수철이 가장 많이 늘어난 ㉠이 가장 무거운 구슬입니다.

04 색연필과 자는 왼쪽 끝을 맞추었으므로 오른쪽 끝이 더 적게 나간 자가 색연필보다 더 짧습니다.
자와 포크는 오른쪽 끝을 맞추었으므로 왼쪽 끝이 더 적게 나간 포크가 자보다 더 짧습니다.
➡ 포크는 색연필, 자보다 더 짧으므로 포크가 가장 짧습니다.

05 (상자) 모양: 선물 상자 → 1개
(원기둥) 모양: 통나무, 시계, 통조림 캔 → 3개
(공) 모양: 야구공, 방울 → 2개
➡ 2개인 모양은 (공) 모양입니다.

06 (원기둥) 모양 4개, (공) 모양 2개로 만든 모양입니다.
➡ (상자) 모양은 필요하지 않습니다.

07 경아는 원희보다 키가 더 작습니다.
현지는 경아보다 키가 더 작으므로 원희보다 키가 더 작습니다.
➡ 현지는 경아, 원희보다 키가 더 작으므로 현지가 가장 키가 작습니다.

08 ● 모양에 대한 설명입니다.
➡ ● 모양의 물건은 ㉠, ㉥입니다.

09 오른쪽 모양은 평평한 부분과 둥근 부분이 모두 있으므로 ▯ 모양입니다.
➡ ▯ 모양의 물건은 풀이므로 1개입니다.

10 주전자를 가득 채운 물은 컵으로 4개, 냄비를 가득 채운 물은 컵으로 6개입니다.
➡ 담을 수 있는 양은 냄비가 주전자보다 더 많습니다.

11 왼쪽 모양은 ■ 모양 색종이가 5장, 오른쪽 모양은 ■ 모양 색종이가 6장입니다.
➡ 오른쪽 모양이 더 넓습니다.

12 노란색 종이는 빨간색 종이보다 더 좁습니다. 빨간색 종이는 파란색 종이보다 더 좁습니다. 따라서 노란색 종이는 빨간색 종이, 파란색 종이보다 더 좁으므로 노란색 종이가 가장 좁습니다.

13 왼쪽 모양은 ■ 모양 2개, ▯ 모양 4개, ● 모양 2개로 만들었습니다.

14 ■ 모양 4개, ▯ 모양 3개, ● 모양 4개로 만들었습니다.
➡ ▯ 모양 4개 중에 3개를 사용했으므로 ▯ 모양이 4－3＝1(개) 남았습니다.

15 물을 컵 ㉠으로는 6번, 컵 ㉡으로는 9번 부어야 어항이 가득 찹니다.
부은 횟수가 적은 컵이 물을 더 많이 담을 수 있습니다.
따라서 컵 ㉠이 컵 ㉡보다 담을 수 있는 양이 더 많습니다.

16 가 구슬 1개의 무게는 나 구슬 3개의 무게와 같습니다.
다 구슬 2개의 무게는 라 구슬 1개의 무게와 같습니다.
다 구슬 2개의 무게는 나 구슬 3개의 무게와 같습니다.
➡ (가 구슬 1개의 무게)
＝(나 구슬 3개의 무게)
＝(다 구슬 2개의 무게)
＝(라 구슬 1개의 무게)
따라서 가 구슬과 라 구슬의 무게가 같습니다.

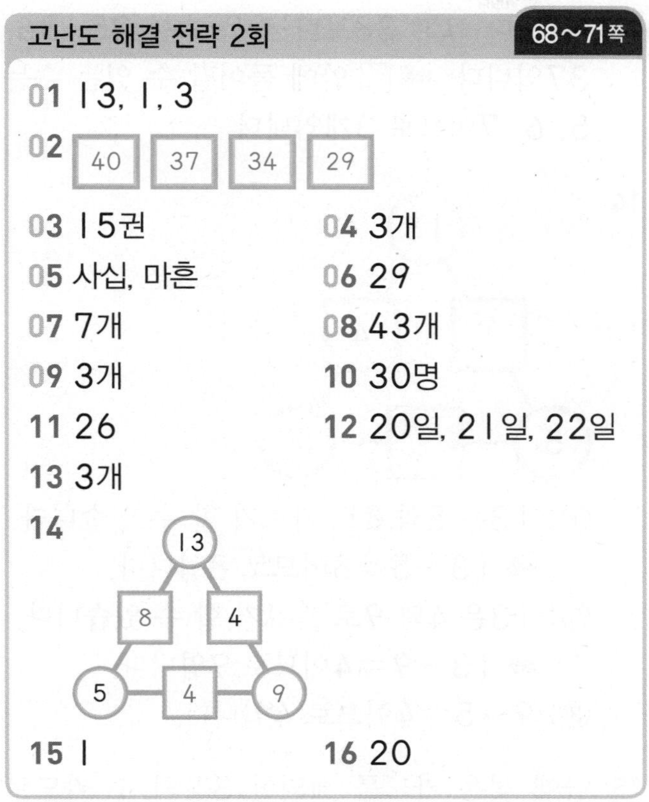


**01** 십삼이라고 읽는 수는 13입니다.
따라서 학생들이 13을 설명하고 있습니다.
13은 10개씩 묶음이 1개, 낱개가 3개입니다.

**02** 10개씩 묶음의 수를 비교하면 4가 가장 크고 2가 가장 작습니다. 따라서 가장 큰 수는 40이고 가장 작은 수는 29입니다.
34와 37의 10개씩 묶음의 수는 3으로 같으므로 낱개를 비교하면 7이 4보다 크므로 37이 34보다 더 큽니다.
➡ 가장 큰 수부터 쓰면 40, 37, 34, 29입니다.

**03** 공책을 은지는 7권, 진수는 8권 가지고 있으므로 두 사람이 가진 공책의 수는 7과 8을 모으기 한 15입니다.

**04** 19와 32의 10개씩 묶음의 수를 비교하면 1이 3보다 작으므로 19가 32보다 작습니다.
30과 32의 10개씩 묶음의 수는 3으로 같으므로 낱개의 수를 비교하면 0이 2보다 작으므로 30이 32보다 작습니다.
23과 32의 10개씩 묶음의 수를 비교하면 2가 3보다 작으므로 23이 32보다 작습니다.
➡ 32보다 작은 수는 19, 30, 23으로 3개입니다.

**05** 10개씩 묶음의 수를 비교하면 4가 가장 큽니다.
따라서 가장 많이 있는 책은 동화책이고 40은 사십 또는 마흔이라고 읽습니다.

**06** 28보다 크고 33보다 작은 수는 29, 30, 31, 32입니다.

| | 10개씩 묶음의 수 | 낱개의 수 |
|---|---|---|
| 29 | 2 | 9 |
| 30 | 3 | 0 |
| 31 | 3 | 1 |
| 32 | 3 | 2 |

10개씩 묶음의 수가 낱개의 수보다 작은 수는 29이므로 나은이가 설명하는 수는 29입니다.

**07** 5와 9를 모으기 하면 14입니다.
14는 7과 7로 가르기 할 수 있습니다.
따라서 사과 14개는 두 사람이 7개씩 똑같이 나누어 가질 수 있습니다.

BOOK 2

08 낱개인 사탕 13개를 10개씩 묶어 세면 10개씩 묶음이 1개, 낱개가 3개입니다.
➡ 사탕은 10개씩 묶음이 3+1=4(개)이고 낱개의 수는 3(개)이므로 모두 43개입니다.

09 모양을 한 개 만드는 데 은 10개 필요하므로 모양을 5개 만들려면 은 10개씩 묶음 5개가 필요합니다.
47은 10개씩 묶음이 4개, 낱개가 7개이므로 이 3개 더 있으면 10개씩 묶음이 5개입니다.
➡ 은 3개 더 필요합니다.

10 성훈이네 반에서 우유를 마시는 학생은 20명이므로 10명씩 2묶음입니다. 성훈이네 반에서 우유를 마시지 않는 학생은 10명이므로 10명씩 1묶음입니다.
➡ 성훈이네 반 학생은 10명씩 묶음이 2+1=3(개)이므로 30명입니다.

11 25보다 크고 30보다 작은 수는 10개씩 묶음의 수가 2이고 낱개의 수는 5보다 큽니다.
따라서 수 카드를 사용하여 만들 수 있는 25보다 크고 30보다 작은 수는 26입니다.

12 희준이는 18일, 19일, 20일, 21일, 22일에 도서관을 갔습니다.
소영이는 20일, 21일, 22일, 23일, 24일에 도서관을 갔습니다.
➡ 희준이와 소영이가 모두 도서관에 간 날은 20일, 21일, 22일입니다.

13 34보다 크고 38보다 작은 수는 35, 36, 37입니다. ➡ □ 안에 들어갈 수 있는 수는 5, 6, 7이므로 3개입니다.

14

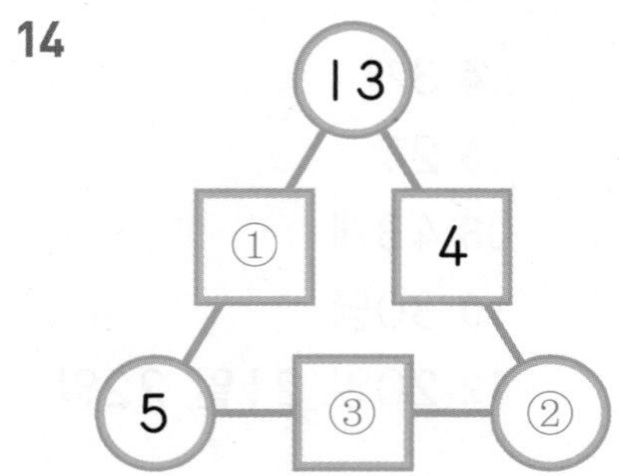


①: 13은 5와 8로 가르기 할 수 있습니다.
➡ 13−5=8이므로 8입니다.
②: 13은 4와 9로 가르기 할 수 있습니다.
➡ 13−9=4이므로 9입니다.
③: 9−5=4이므로 4입니다.

15 물에 젖은 카드를 제외한 3장의 수 카드로 만들 수 있는 몇십 또는 몇십몇을 가장 큰 수부터 차례대로 쓰면 42, 40, 24, 20, ...입니다.
가장 큰 수가 42, 셋째로 큰 수가 40이라고 했으므로 42와 40 사이에 둘째로 큰 수인 41이 있어야 합니다.
따라서 물에 젖은 카드는 1입니다.

16 햇빛을 2번 받고 물을 1번 주었으므로 키는 10개씩 묶음의 수가 2만큼, 낱개의 수가 1만큼 더 커져서 41이 됐습니다.
41은 10개씩 묶음이 4개, 낱개가 1개인 수이므로 처음 콩나무의 키는 10개씩 묶음의 수가 4보다 2만큼 더 작고 낱개의 수는 1보다 1만큼 더 작습니다.
따라서 처음 콩나무의 키는 10개씩 묶음이 4−2=2(개), 낱개가 1−1=0(개)인 20입니다.

memo

memo

정답은
이안에
있어!